变化环境下城市暴雨洪涝
适应性管理理论与实践

姜仁贵　解建仓　朱记伟　赵勇　王尹萍　著

www.waterpub.com.cn
·北京·

内 容 提 要

变化环境影响下城市暴雨洪涝频发、广发，灾害损失严重，受到国家高度重视。本书针对城市暴雨洪涝适应性管理关键问题，构建集风险管理、应急管理和信息管理为一体的城市暴雨洪涝适应性管理模式，研发基于综合集成的城市暴雨洪涝适应性管理系统，提供城市暴雨洪涝管理决策主题化服务，实现城市暴雨洪涝常态管理与应急管理的有机衔接，为城市防洪减灾与城市治理提供理论依据和技术支撑。具体内容包括：绪论、城市暴雨洪涝灾害风险评估、城市暴雨洪涝事件特征描述、城市暴雨洪涝情景模拟仿真、城市暴雨洪涝动态监测预警、城市暴雨洪涝适应性管理系统、结论与展望。

本书可作为高等院校和科研院所教师、科研人员和研究生的参考书，也可为从事城市防洪减灾决策、暴雨洪涝管理等研究的技术人员提供参考。

图书在版编目（ＣＩＰ）数据

变化环境下城市暴雨洪涝适应性管理理论与实践 /
姜仁贵等著. -- 北京：中国水利水电出版社，2021.7
ISBN 978-7-5170-9757-0

Ⅰ．①变… Ⅱ．①姜… Ⅲ．①城市－暴雨－水灾－灾
害防治 Ⅳ．①P426.616

中国版本图书馆CIP数据核字(2021)第145637号

书　　　名	变化环境下城市暴雨洪涝适应性管理理论与实践 BIANHUA HUANJING XIA CHENGSHI BAOYU HONGLAO SHIYINGXING GUANLI LILUN YU SHIJIAN
作　　　者	姜仁贵　解建仓　朱记伟　赵　勇　王尹萍　著
出版发行	中国水利水电出版社 （北京市海淀区玉渊潭南路1号D座　100038） 网址：www.waterpub.com.cn E-mail：sales@waterpub.com.cn 电话：（010）68367658（营销中心）
经　　　售	北京科水图书销售中心（零售） 电话：（010）88383994、63202643、68545874 全国各地新华书店和相关出版物销售网点
排　　　版	中国水利水电出版社微机排版中心
印　　　刷	清淞永业（天津）印刷有限公司
规　　　格	184mm×260mm　16开本　11.5印张　280千字
版　　　次	2021年7月第1版　2021年7月第1次印刷
印　　　数	0001—1000册
定　　　价	**68.00元**

序

水是生命之源、生产之要、生态之基。兴水利、除水害，事关人类生存、经济发展、社会进步，历来是治国安邦的大事。水循环指地球上各种形态的水通过蒸发蒸腾、水汽输送、凝结降水等环节，不断发生相态转换和周而复始运动的过程。全球气候变化和快速城市化进程改变了自然水循环，使其呈现出"自然-社会"二元特征。城市是二元水循环耦合程度最高的区域，城市水循环的驱动力、结构和过程呈现复杂化，城市水问题突出。

近年来，"城市看海"现象频繁发生，刺痛着社会大众的神经。城市暴雨洪涝灾害是多种因素综合作用的结果，气候变化使极端降水事件增多，城市化进程加快使城市水文过程演化及其伴生效应日益凸显，城市水循环演变及其机理发生了深刻变化，城市"热岛效应""雨岛效应"等现象日益明显，城市暴雨洪涝风险增大。当前，我国经济社会发展进入了一个新的时期，城市暴雨洪涝防治面临着新形势。

城市暴雨洪涝问题受到党中央、国务院的高度重视和社会各界的广泛关注。习近平总书记对防汛抢险救灾多次作出重要指示，李克强总理多次主持国务院常务会议部署抓紧抓实防汛救灾工作。2021 年 4 月，国务院办公厅发布《关于加强城市内涝治理的实施意见》，指出"治理城市内涝事关人民群众生命财产安全，既是重大民生工程，又是重大发展工程"，针对"自然调蓄空间不足、排水设施建设滞后、应急管理能力不强等问题"，要求"用统筹的方式、系统的方法解决城市内涝问题，维护人民群众生命财产安全，为促进经济社会持续健康发展提供有力支撑"。

通过长期研究与实践，我国逐步探索出了一条适合国情和城市特点的暴雨洪涝灾害应对路子，包括：建立城市防汛应急指挥体系，加强城市防洪排涝基础设施建设，因地制宜开展地下调蓄池、地下水库、综合管理及深隧等雨水收集和调蓄设施建设，开展城市洪涝动态监测及预警，提高城市对洪涝灾害的弹性适应能力等。

本书针对变化环境下城市暴雨洪涝适应性管理关键问题，构建集风险管理、应急管理和信息管理为一体的城市暴雨洪涝适应性管理模式，研发城市暴雨洪涝适应性管理系统，实现城市暴雨洪涝常态管理与应急管理的有机衔接，快速响应变化环境提供过程可视的城市暴雨洪涝适应性管理主题服务。

　　本书理论性强、技术先进、适应性好，其内容阐述了变化环境下城市暴雨洪涝适应性管理的理论、方法与应用实践，多学科交叉，为城市防洪减灾与适应性管理决策提供理论基础、技术支撑和实践依据。

2021 年 6 月

前 言

洪涝灾害是世界范围内主要的自然灾害之一，受气候变化和城市化进程的双重影响，全球和局地极端降雨和洪涝事件频发、广发，灾害损失严重。近年来，我国防洪体系和洪涝调控能力不断增强，然而，城市洪涝脆弱性仍然凸显，如何开展城市暴雨洪涝的适应性管理是当前洪水管理面临的新问题。气候变化影响下，全球和局地暴雨洪涝等极端天气事件频发。据统计，极端天气事件发生概率位居全球十大风险首位，城市化进程则对暴雨洪涝起到了放大效应。变化环境下"逢雨就涝"成为城市常态，"去城市看海"成了城市居民的口头禅。城市防洪减灾问题受到国家高度重视，2011年中央一号文件指出：加强城市防洪排涝工程建设，提高城市防洪标准。2013年国务院印发《关于做好城市排水防涝设施建设工作的通知》（国办发〔2013〕23号）和《关于加强城市基础设施建设的意见》（国发〔2013〕36号），提出用10年左右时间建成较为完善的城市排水防涝工程体系，提高城市防洪减灾能力和安全保障水平。住房和城乡建设部自2014年以来在全国30个城市开展海绵城市建设试点，以期通过海绵城市建设和地下综合管廊等工程措施解决城市洪涝问题。然而，工程措施短期内并未能彻底解决城市暴雨洪涝问题，城市暴雨洪涝管理与防洪减灾面临新的挑战，环境变化对城市暴雨洪涝管理提出更高要求。

本书依托国家重点研发计划项目课题（2016YFC0401409）、国家自然科学基金（51509201、51679188、71774132）、陕西省创新人才推进计划（2020KJXX-092）、陕西省教育厅重点科学研究计划项目（21JT028）和省部共建西北旱区生态水利国家重点实验室基金（2019KJCXTD-11）等项目的部分研究成果，通过构建集风险管理、应急管理和信息管理为一体的变化环境下城市暴雨洪涝适应性管理模式，研发基于综合集成的城市暴雨洪涝适应性管理系统，基于系统提供城市暴雨洪涝管理决策主题化服务，实现城市暴雨洪涝常态管理与应急管理的有机衔接，为城市防洪减灾提供理论依据和技术支撑，提高城市治理水平，促进城市经济社会的可持续发展。

本书分为7章。第1章概述了本书的研究背景，综述了城市暴雨洪涝问题的研究进展，阐述了本书的研究内容和框架。第2章基于风险管理的理论与方法对城市暴雨洪涝灾害风险进行评估，包括城市暴雨洪涝风险识别、风险评估指标体系和风险评估模型构建、风险评估系统研发和风险应对措施等内容。第3章采用复杂性理论对城市暴雨洪涝事件特征进行描述，基于系统动力学剖析城市暴雨洪涝事件演变过程，基于PSR模型和贝叶斯网络对事件进行描述和分析，采用CBR方法实现城市暴雨洪涝应急预案到应对方案的自动生成。第4章基于暴雨洪涝管理模型开展城市暴雨洪涝情景模拟仿真，建立城市暴雨洪涝模拟模型，基于模型实现不同重现期、雨型、管径和城市化水平等不同情景的暴雨洪涝模拟仿真。第5章采用多源信息融合方法实现海量多源异构暴雨洪涝数据资源的融合，基于三维地理信息系统搭建城市暴雨洪涝监测预警系统，基于系统提供城市暴雨洪涝动态监测、模拟仿真和分级预警等服务。第6章提出城市暴雨洪涝适应性管理模式，遵循面向服务架构，采用综合集成和组件开发等技术研发城市暴雨洪涝适应性管理系统，基于系统提供动态模拟、情景分析和过程管理等主题服务。第7章对本书的研究工作进行总结与展望。

　　本书由姜仁贵、解建仓、朱记伟、赵勇和王尹萍主笔，研究生李雯、王小杰、杨思雨、王娇、韩浩、梁骥超、王思敏等参与了书中部分工作。感谢中国水利水电科学研究院王浩院士，北京师范大学徐宗学教授，清华大学倪广恒教授，华北电力大学张尚弘教授，天津大学李发文教授，中国水利水电科学研究院杨志勇正高等专家的指导；感谢西安理工大学刘云贺教授、汪妮教授、张永进教授，加拿大阿尔伯塔大学Gan Thian Yew教授，新加坡国立大学Lu Xi Xi教授等在项目研究过程中给予的帮助；特别感谢王浩院士百忙之中为本书作序。在此，谨向他（她）们表示最衷心的感谢。

　　由于城市暴雨洪涝问题具有复杂性，加之作者时间和水平有限，书中难免存在疏漏与不足之处，敬请读者批评指正。

作者

2021年6月

目 录

1 绪　论

受气候变化和城市化的双重影响，全球范围内暴雨洪涝问题仍然较为严重，尤其是随着城市化进程加快，城市暴雨洪涝事件突发、频发和广发，暴雨难以精准预报、应急管理时效性滞后，工程措施周期较长且成效有待进一步检验、积涝难以及时排走，经济损失严重，给城市管理和可持续发展带来新的挑战，城市防洪减灾已成为国家战略，是当前亟待解决的关键问题。

1.1　城市暴雨洪涝问题研究背景

针对变化环境下城市暴雨洪涝问题，主要从气候变化和城市化发展、历史城市暴雨洪涝事件和城市暴雨洪涝问题现状3个方面分析研究背景。

1.1.1　气候变化和城市化发展

联合国环境规划署统计资料证实了全球气候变化的长期趋势，近百年来大气环流与降水时空格局发生较大变化，进而导致全球范围内与气候相关的自然灾害发生频率和影响范围加大。以洪水为例，20世纪80年代以来，洪灾数量增加近230％，受灾人口和遭受损失随之增加。政府间气候变化专门委员会第五次评估报告（IPCC AR5）中指出：随着地表平均温度上升，大部分陆地区域极端降水发生频率增加、强度加大，进而使得洪涝灾害更为频繁，气候变化引起的许多全球性风险都集中在城市，对城市防洪减灾能力提出更高要求。我国地处亚洲季风区，是世界上暴雨最为频发的国家之一，研究表明：近半世纪，尤其是20世纪90年代以来，我国极端降水发生强度和频率都呈现增加趋势，暴雨洪涝趋于增多[1]。城市暴雨洪涝灾害给我国造成严重的人员伤亡和经济损失，危害经济社会健康发展，以2019年为例，广西、江西、湖南等多个省（自治区）发生严重暴雨洪涝灾害，全国因洪涝受灾人口达到4766.6万人次，658人因灾死亡失踪，直接经济损失高达1922.7亿元。近年来全国范围内发生一系列暴雨事件，引发严重洪涝灾害，且表现出雨强大、范围广、历时长、洪水量级高、洪灾损失重等特点[2]。

城市容纳了世界上半数人口，卫星观测资料的空间扩展分析结果显示，城市面积逐年增长，其中国内城市化水平由2000年的36％增加到2010年的49％，中国社会科学院发布的社会蓝皮书中指出：2011 年我国城市化水平首超 50%，并逐年增加，21 世纪中叶预计可能超过 60%。城市扩张使得硬化面积增加，城市水循环改变，极端降水事件增多，作为规模庞大的承灾体，城市更易遭受暴雨洪涝灾害。研究表明，受"热岛效应"和高层建筑物阻碍等影响，城市年降水量增加逾 5%，其中，对汛期影响尤为明显，雷暴雨事件发生强度和次数增加均超 10%，给城市交通与人民生命财产安全带来极大隐患。近年来，北京、武汉、广州、上海和西安等城市多次发生暴雨洪涝事件，造成人员伤亡和巨大经济损失，威胁城市安全，凸显开展城市暴雨洪涝问题研究的紧迫性和重要性。值得注意的是，受气候变化和城市化进程影响，近年来暴雨洪涝已由沿海向内陆城市蔓延，沿海城市和内陆城市由于气候条件、城区发展和规划建设的不同，暴雨洪涝特征及其易损性存在差异。新形势下科学认识城市暴雨洪涝特性，揭示其内在演变规律和外部驱动因素，对开展城市暴雨洪涝适应性管理和防洪减灾有重要的意义。

1.1.2　历史城市暴雨洪涝事件

近年来，全球范围内城市暴雨洪涝频发，部分城市甚至每年都发生暴雨洪涝事件，城市防洪减灾成为城市治理的重要组成部分。国内外城市暴雨洪涝灾害时有发生（图 1-1）。国外：2015 年 9 月，在台风"艾涛"的影响下，日本部分地区出现暴雨，造成洪涝灾害，茨城县 1/3 面积被淹，6500 处居民区受到影响；2016 年 6 月，美国西弗吉尼亚州遭受到了 100 多年来最严重的洪灾，44 个县进入了紧急状态；2019 年 4 月，巴西里约热内卢遭遇强降雨，引发洪涝灾害，城市街道被淹，汽车被冲，部分地区交通瘫痪；2020 年 2 月，英国多地遭遇强风暴"西娅拉""丹尼斯"袭击，持续降雨导致洪水泛滥。国内：2016 年，北京、武汉、南京和西安等城市发生暴雨洪涝灾害，造成城区多处积水，道路被淹，全年直接经济损失 3643.26 亿元；2017 年 7 月中下旬，陕西榆林发生洪水漫溢，城区道路被淹，地势较低的路段积水严重，对供水、供电、交通造成严重影响；2018 年，广州、深圳等城市发生暴雨洪涝，市区多条道路陷入"看海"模式，道路出现大面积积水；2019 年 6 月由于持续性暴雨，福建三明全城多路段被淹，损失严重，7 月江西南昌全市平均降雨达到 94.6mm，城区内涝严重，交通受阻；2020 年 6 月，广西的桂林、河池和柳州等城市，广东的韶关、广州和清远等城市，江西的萍乡、上饶和南昌等城市遭遇强降雨过程和严重洪涝灾害，造成严重经济损失。

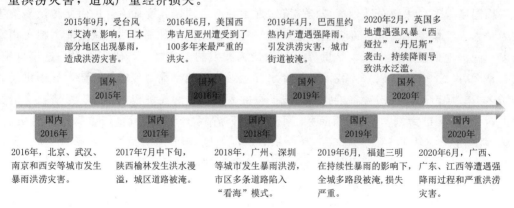

图 1-1　2015—2020 年典型城市暴雨洪涝灾害事件

住房和城乡建设部 2010 年对我国 351 个城市排涝能力调研结果表明，2008—2010 年，62％的城市发生不同程度的暴雨洪涝灾害，发生暴雨洪涝灾害 3 次以上的城市有 137 个，最大积水时间超过 12h 的城市有 57 个[3]。为了进一步揭示城市暴雨洪涝时空分布特征，收集了近年来 20 余场典型城市暴雨洪涝事件，分布在吉林市、北京市、延安市、西安市、南京市、武汉市、长沙市、广州市、深圳市、哈密市等地。其中，北京市 2011 年 6 月 23 日下午，城区平均降雨量 51mm，最大点降雨量 192.6mm，小时最大降雨量 128.9mm，局地达到百年一遇标准，城西多处严重积水；2012 年 7 月 21 日 10 时，大部分区域暴雨，局部大暴雨，截至 17 时，全市平均降雨量 57.6mm，城区 63.8mm，城区平均降雨量 170mm（中华人民共和国成立以来最大降雨量），房山区局部降雨 460mm，灾损严重；2015 年 8 月 7 日 19 时左右，城区普降暴雨，多处积水内涝，小时均降雨量 24.2mm，最大点降雨量 84.2mm。广州市 2014 年 5 月 23 日，普降大暴雨，局部特大暴雨，7 个站点日降雨量超 300mm，最大点降雨量达 406mm；2020 年 5 月 21 日，全市小时雨强度超 80mm 的有 42 个站次，破历史纪录，全市平均面雨量为 101mm。西安市 2016 年 7 月 24 日 19 时左右，局地大暴雨，小寨站 2h 降雨达到 115.6mm，积水严重，部分雨水倒灌，地铁站临时关闭；2020 年 7 月 10 日，降雨历时 4.5h，累计降雨量达 71.4mm，峰值降雨时段重现期达 50 年，多处内涝积水；2020 年 7 月 30 日，短时降水导致多处内涝积水，多处积水十分严重，南二环长安路立交桥下最大积水深度超过 600mm。

1.1.3 城市暴雨洪涝问题现状

新形势下日益严重的城市暴雨洪涝对城市安全敲响了警钟，对城市防洪减灾提出新的挑战，变化环境下如何进行科学管理是亟待解决的关键问题。近年频发的城市暴雨洪涝事件验证了 IPCC AR5 报告中关于局地暴雨洪涝有所增加的结论，2012 年京津冀"7·21"特大暴雨事件中，北京市 20 个气象观测站日平均降雨量达到 190mm，其中，11 个气象站实测降水量超历史纪录，单点降水强度和日平均降雨量均为 1963 年 8 月以来最大值，城区形成积水点 426 个。2013 年陕西省大部分城市遭遇强降雨天气，39 个县区累计降雨量超 100mm，过程降雨量占到常年总降雨量的 60％，由此引发的城市洪涝造成严重经济损失。以西安市为例，2016 年 7 月 24 日，西安市雁塔区发生强降雨事件，2h 累计降雨量达到 123mm，超过 50 年一遇。暴雨造成小寨十字及周边多个街区发生严重积涝，地铁 2 号线发生雨水倒灌，造成较大社会影响和经济损失。2020 年 7 月 10 日和 7 月 30 日，西安市短时间内连续出现两场极端暴雨事件，频率高，间隔短，且两次降雨过程累计降雨量均在 70mm 左右，重现期约为 40 年一遇[4]。

城市暴雨过程存在突发性、随机性、局地性以及引发暴雨中小尺度天气系统的复杂性等特点，当前气象部门仍难以实现对城市局地暴雨的精准预报。以美国环境预报中心（National Centers for Environmental Prediction，NCEP）、欧洲中期天气预报中心（European Centre for Medium - Range Weather Forecasts，ECMWF）、英国国家气象局（Met Office）和中国气象局等为代表建立的气候模型在短期（24h）晴雨预报准确率较高（＞80％），然而仍难以实现对局地暴雨的定时、定点和定量精准预报，城市短历时、强降雨"三定"预报的精度和时效性与应用需求仍有差距。针对突发频发、成因复杂以及难以精准预报的城市暴雨洪涝问题，如何应对和管理是关键，结合前期研究基础提出变化环境下城市暴雨洪涝适应性管理模式，研发适应性管理系统，综合分析，科学决策，意义重大。

城市暴雨洪涝问题受到国务院和专家学者的高度重视，2011 年出台的中央一号文件和中央水利工作会议指出，加强城市防洪排涝工程建设，提高城市防洪排涝标准。2013 年国务院印发的《关于加强城市基础设施建设的意见》提出用 10 年左右时间建成较为完善的城市排水防涝与防洪工程体系，提高城市防洪减灾能力，解决城市积水内涝问题。2014 年 10 月，住房和城乡建设部组织编制并印发的《海绵城市建设技术指南》从工程层面上提出通过建设低影响开发（Low Impact Development，LID）雨水系统以缓解城市"逢雨必涝"的现状，改善城市生态环境，提升城市防洪排涝减灾能力。2013 年 10 月在上海举办的"城市防洪国际论坛"中，王浩院士和张建云院士等指出"60％以上的城市发生不同程度洪涝灾害，城市暴雨洪涝成因复杂""城市暴雨洪涝问题是气候变化和人类开发活动共同作用结果"，结合我国城市防洪中存在的问题和国外先进城市防洪理念指出科学应对城市洪涝灾害紧迫性与重要性。上述可为城市暴雨洪涝灾害管理提供指导，随着气候变化和城市化发展，构建一套城市暴雨洪涝适应性管理模式和适应性管理系统显得尤为重要。

综上，从开展城市暴雨洪涝适应性管理研究的必要性和重要性等方面进行阐述，城市暴雨洪涝事件描述和特性分析是基础，风险评估、情景模拟和动态监测预警是手段，针对不同情景如何进行科学应对与适应性管理是关键。近年来，诸多学者针对城市暴雨洪涝问题开展理论分析和数值模拟，主要集中在降水径流模拟、洪涝过程仿真和雨洪控制等方面，取得一系列成果，新形势下如何科学应对突发频发、高危害且难以精准预报的城市暴雨洪涝是关键，值得深入研究。

1.2 城市暴雨洪涝问题研究进展

针对变化环境下城市暴雨洪涝问题，从城市暴雨洪涝变化特征、城市暴雨洪涝成因分析、城市暴雨洪涝模拟仿真和城市暴雨洪涝应急管理 4 个方面的研究进展进行综述，并基于文献计量分析对城市暴雨洪涝相关文献进行系统分析。

1.2.1 城市暴雨洪涝变化特征

近年来城市暴雨洪涝现状分析结果表明：宏观层面上，城市暴雨洪涝影响范围广，洪水量级大，积水和洪灾损失严重；微观层面上，城市暴雨重现期标准偏低，产汇流时间缩短，降雨径流量增加，易涝点呈现动态变化[5]。城市暴雨难以精准预报，洪涝灾损严重，需要对其变化特征进行深入研究。

在全球尺度上，IPCC AR5 报告指出自 20 世纪 70 年代以来局地暴雨发生频率增加，海气耦合全球环流模式集成预估结果显示：21 世纪末，局地强降水发生频率极有可能增加。Akinsanola A A 等[6]基于 RCP4.5 和 RCP8.5 情景对西非 2070—2099 年的夏季极端降雨事件进行分析，研究表明：总降雨量显著减少，而连续干旱日和极端降雨事件预计显著增加。Kuo C C 等[7]采用 RCM 对城市降水进行模拟，结果表明：气候变化使得城市暴雨事件发生频率和强度增加。胡倩等[8]基于甘肃省 29 个气象站 1968—2017 年逐日降水资料对暴雨时空变化及灾害特征进行分析，结果表明：近 50 年甘肃省暴雨日数总体呈上升趋势，7月最显著，但5月呈下降趋势，暴雨日数的增加使得局地洪灾事件随之增加。

城市化效应进一步加剧了暴雨洪涝灾害，Lin L J 等[9]通过对中国20个城市群极端气候事件的分析发现：城市化对沿海地区的城市群极端降水事件的影响趋于减弱，对中西部城市群的极端降水事件的影响趋于增强。Zhang W 等[10]利用区域尺度上的数值模型和统计模型定量解析城市化对降水和洪水的贡献，结果表明：城市化不仅加剧了洪水事件的发生，还一定程度上增加了暴雨的总降水量。刘家宏等[11]基于 TELEMAC-2D 模型对不同重现期和不同雨峰系数下厦门市暴雨洪涝积水情况进行模拟，结果表明：积水总量受雨峰系数影响较大，不同风险等级下积水面积受雨峰系数的影响存在差异。尹占娥等[12]通过评估不同情景下中国极端降水风险及其空间分布特征发现，不同情景下中国极端降水风险等级从东南沿海向西北内陆地区呈现递减趋势。

从上述文献分析可知，当前研究主要集中在基于气候变化和城市化对城市暴雨洪涝的影响，从历史观测和不同情景，在时间、空间等不同尺度对城市暴雨洪涝特性进行系统研究。结合我国历史典型城市暴雨洪涝事件可知，城市暴雨洪涝具有以下特征：①时间上，近10年来城市暴雨强度相对有所增加，体现在多个城市多个时段降雨量达到历史同期最大、中华人民共和国成立以来最大、建站以来最大以及历史罕见，暴雨难以精准预报，城市下垫面情况复杂，使得城市暴雨洪涝具有较大不确定性；②空间上，城市暴雨洪涝在全国各地均有发生，东部、中部和西部，南方或者北方，沿海地区或者内陆地区，降雨以局部强降雨过程为主，通常为暴雨到大暴雨和局部特大暴雨，降雨区域分布不均，城郊差异明显，城区平均降雨量普遍比郊区平均降雨量大；③成因上，暴雨是城市洪涝主要致灾因子，局部暴雨成因复杂，主要受冷暖空气作用和大气环流变化影响，城市路面硬化、城市排水管网落后、排涝能力偏低等因素是重要致灾因子；④灾损上，主要采用受灾人口、伤亡人口、经济损失、工业和交通业受灾等指标表示，其中，伤亡人口应重点关注；⑤管理应对上，城市气象部门基本能够实现提前预报，但是在时间和空间上精度仍有待提高，城市市政及水务管理部门能够结合暴雨洪涝实际情况，启动相应的应急响应，并能够做到及时反馈灾损情况，同等暴雨等级强度下，易涝点有所减少，应急管理能力明显提升，灾害损失有所降低。

1.2.2 城市暴雨洪涝成因分析

在剖析城市暴雨洪涝事件变化特征基础上进一步揭示城市暴雨洪涝成因。总体上，变化环境下城市暴雨洪涝成因复杂，同一城市不同时段、同一时段不同城市、不同城市不同时段的暴雨洪涝致灾因子、孕灾环境、承灾体和防灾减灾能力均存在差异，由此造成的次生衍生灾害及灾害损失也有所不同。下面主要从气候变化和城市化影响两个方面分析城市暴雨洪涝成因。

1. 气候变化影响

受气候变化影响，近年来局地强降水过程频发、突发，多个城市多个时段出现历史极值降水过程，短期强降水过程是城市洪涝直接致灾因子。相比之下，当前部分城市排水系统规划与设计仍采用旧的暴雨强度公式，部分排水系统设计采用"3年一遇"甚至是"1年一遇"设计标准，以及雨污合流，使用年限较久等问题，使得排水防涝能力较弱，强降水过程加之相对滞后的城市排水系统使得很多城市一遇到强降雨过程便出现洪水或者积涝等现象。

当前，随着对大气环流特征和天气系统演化规律的深入认识与信息技术的发展，诸多学者从气象角度研究暴雨洪涝形成机理。以叶笃正院士和陶诗言院士等[13-14]为代表的著名气象学家通过研究大气环流演变过程揭示暴雨形成机理，其中，以副热带高压和阻塞高压为代表的环流特征与局部暴雨天气密切相关，研究表明：局地暴雨过程通常由多尺度天气系统反馈调节，副热带高压北移和低涡演变，西太平洋副热带高压持续偏南异常，亚欧中高纬度持续性经向环流和中 β 尺度强涡旋系统等共同作用引起。气候异常对局地暴雨的影响也受到关注，以厄尔尼诺（El Niño Southern Oscillation，ENSO）现象为例，据分析，历史上两次强 ENSO 事件（1982—1983 年，1997—1998 年）中武汉市遭遇严重暴雨洪涝，2010 年汛期中国南方部分城市遭遇的特大暴雨洪涝与强 ENSO 和北极涛动（Arctic Oscillation，AO）现象密切相关。Jiang R G 等[15]研究发现加拿大埃德蒙顿市发生的强降水模式与位势高度场、ENSO 和太平洋年代际涛动等多个气候异常因子呈较强的相关关系，并对以此作为预报因子预测局地暴雨的可行性进行论证。Tong S Q 等[16]研究表明内蒙古地区极端气候事件与 ENSO、AO 和 IOD 显著相关，同时加强反气旋环流、增加位势高度、减少白天云量和增加夜间云量是导致内蒙古极端气候变化的原因。

2. 城市化影响

近年来城市化进程加快，城市不透水面积增加，城市土地利用/土地覆盖变化（Land Use and Land Cover Change，LUCC）发生改变，不透水地表取代原有植被，使得传统的蒸散发和雨水截留作用降低，LUCC 引起径流等水文要素和产汇流等水文过程变化，地表降水径流量增加，汇流历时缩短，洪水过程线向高、瘦、尖转变，加重城市暴雨洪涝灾害。此外，城市建设规划中，对防洪排涝基础设施建设仍较为薄弱，城市暴雨洪涝灾害进一步加重。城市热岛（Urban Heat Island，UHI）效应对城市暴雨洪涝起到放大作用，研究发现：受城市规模扩大影响，城区出现增温现象，夏季容易形成以城区为中心的"热岛"，尤其在城区高层建筑区域，热岛环流作用使得城区上空易形成强对流，进而形成对流性强的暴雨过程，产生"雨岛效应"[17]；研究进一步发现 UHI 效应与城市扩张及人口增长呈显著正相关，夏季暴雨受 UHI 效应影响明显。城区人口密集、交通及工业发达，释放大量空气污染物，为降水提供更为丰富的凝结核，相比郊区，城区发生暴雨概率和强度更大。

1.2.3 城市暴雨洪涝模拟仿真

通过对城市暴雨洪涝过程的模拟仿真，可为进一步分析其特性与成因并有针对性地进行管理提供参考，提高城市防洪减灾针对性，国内外相关研究较多，主要集中在模型研究和现代信息技术的应用两个方面。

国外早期开发了一些用于暴雨洪涝模拟的数学模型，并由最初相对简单的经验性和概念性模型发展到较为复杂的水动力学物理模型，主要包括：水量水质耦合模型[18]，QQS 模型[19]，Walling Ford 模型[20]，SWMM 模型[21]，MIKE - SWMM 模型[22]，HSPF 模型[23]及上述模型的改进模型等。国内，岑国平[24]于 1990 年提出了城市雨水径流计算模型；曾照洋等[25]尝试将 WCA2D 与 SWMM 模型相耦合探究一种暴雨洪涝快速二维模拟技术，结果表明模型模拟效果较好。于琛等[26]通过构建松花江流域降水-流量关系和水力模型，分析城市暴雨洪涝灾害危险性的空间变化，并通过实例对模型进行验证，结果表明模型模拟效果良好，能够实现对暴雨洪涝灾害危险程度的量化分析和快速预警评估。

信息技术发展为城市暴雨洪涝模拟仿真提供了新的手段，龚佳辉等[27]采用基于GPU技术的数值模型，模拟不同降雨及网格分辨率情形下的典型城市暴雨洪涝过程，结果表明：GPU加速技术相比CPU技术具有优势，为城市暴雨洪涝过程快速模拟提供技术支持。Archer L等[28]基于TanDEM-X数据，采用图像分类和递进形态滤波处理方法，构建LISFLOOD-FP模型模拟洪水过程，模拟结果较好。Zhang S H等[29]基于GIS和DEM提出城市暴雨淹没仿真方法，用于对城市洪涝淹没区域的快速识别和分析。

可视化技术为城市暴雨洪涝模拟仿真提供了直观表现形式，王颖等[30]基于GIS技术和SWAT模型对不同重现期的洪峰过程和积水淹没过程进行可视化展示。李志锋等[31]基于CD-TIN提出城区暴雨内涝淹没模拟方法，并对城区淹没过程模拟的不同场景进行可视化。姜仁贵等[32]基于三维地理信息系统实现洪涝淹没分析与可视化模拟仿真。

上述研究可为城市暴雨洪涝模拟仿真提供理论参考，通过对传统的降雨产汇流过程、洪水演进与淹没分析等水文模型进行组件开发，基于知识图建立流程化及可视化的水文模型业务应用，支撑城市暴雨洪涝预警信息推演和预案模型的建立与集成应用。

1.2.4 城市暴雨洪涝应急管理

我国近年来"海绵城市"和"智慧城市"发展迅速，城市暴雨洪涝应急管理得到重视。通过开展城市暴雨洪涝的预估、预测、预报、预警、预案和预演，以防为主，快速响应，应急处置，科学管理，最大程度降低灾害损失及次生衍生灾害。对于城市暴雨洪涝应急管理，从城市雨洪管理体系、应急预案和应急管理信息化3个方面进行阐述。

国际上针对城市雨洪管理体系研究相对较早，部分国家已建立较为完善的城市雨洪管理体系，典型的有：美国的LID[33-34]和最佳管理实践（Best Management Practices，BMPs）[35-36]，英国的可持续城市排水系统（Sustainable Urban Drainage Systems，SUDS）[37]和新西兰的低影响城市设计与开发（Low Impact Urban Design and Development，LIUDD）[38]等。借鉴上述理念并结合实际情况，近年来我国提出建设"海绵城市"以加强城市雨洪管理的思路，通过构建LID雨水系统，旧城改造等方式完善城市排水防涝设施。

针对城市雨洪管理，综合采用工程措施和非工程措施，提高城市暴雨洪涝事件应对能力。工程措施方面，俞孔坚等[39]提出将城市公园建设成雨洪公园以提高城市蓄滞暴雨能力。张勤等[40]通过SWMM模型模拟结果发现联合采用LID措施与雨水调蓄池措施能够削减径流总量和径流峰值。非工程措施方面，车伍等[41]在总结当前城市暴雨洪涝控制与利用情况的基础上，提出适应我国实际情况的城市雨洪控制优选模式，加强我国城市雨洪资源化管理。张冬冬等[42]从规划层面、建设层面和管理层面提出"三位一体"的城市暴雨洪涝综合应对思路。国际上，Webster P J[43]提出建立极端气候预测无国界组织加强对区域极端气候事件的应对，减少城市洪涝灾害，通过对洪涝事件的预测提前进行响应以降低洪灾。引入国外先进理念，我国城市雨洪资源化利用已具有较好基础，但是针对突发频发且高危害的城市暴雨洪涝如何进行科学应对方面的研究与应用相对较少，尤其是考虑城市暴雨洪涝的不可重现性与高危害性，从非工程措施层面提供一套可供实际操作的管理模式，为城市暴雨洪涝快速响应提供辅助决策支持，提高城市防洪减灾能力。

针对应急预案，美国自 20 世纪中期开始编制应急预案，1992 年，美国颁布联邦应急预案法，成立联邦应急管理署（Federal Emergency Management Agency，FEMA），提高应急事件响应速度。2004 年，美国发布《国家应急预案》。不同国家采取的应急管理模式存在差异，我国经历了单项应急预案阶段到"非典事件"后的综合性应急预案阶段，2003 年，国务院办公厅成立突发公共事件应急预案工作小组，负责政府应急预案编制等工作。2006 年 1 月 8 日，国务院发布《国家突发公共事件总体应急预案》，编制了不同类型的专项预案和部门预案，以及若干法律法规等指导性文件。同年，国务院颁布了《国家防汛抗旱应急预案》，明确防汛抗旱应急管理工作的重要性，通过做好水旱灾害突发事件的防范和处置工作，最大程度减少人员伤亡和财产损失。

针对应急管理信息化工作，20 世纪 70 年代以来，多个国家根据实际情况构建突发事件管理信息系统，例如，基于地理信息系统（Geographic Information System，GIS）及全球定位系统（Global Positioning System，GPS）建立应急管理系统，实现对信息资源的高效管理和实时定位，提高资源利用效率。目前，美国应急管理系统主要由联邦政府应急管理系统 FEMIS、国家应急管理系统 NEMIS、计算机辅助应急执行管理系统 CAMEO 以及 FEMA 实施的"e-FEMA"系统组成，通过建立联邦、州、市级应急管理系统，使得不同层级之间信息资源相互共享、及时交流，保证应急信息及时更新，提高突发事件快速反应能力，减少灾害损失。日本一直以来注重防灾减灾和应急管理工作，其中，连接各政府部门的防灾通信网络起到重要作用。我国建立了较为完善的摩托罗拉城市应急联动系统、科瑞讯城市应急联动指挥系统、广州市 110 社会联动系统、上海市应急联动中心、清华紫光城市应急指挥系统等应急管理系统，主要注重应急救援及抢险救灾活动、可视化的应急指挥管理、政府的应急联动、集中统一管理、信息的安全传输以及快速出警等。其中，上海昊沧与深圳市承建的城市防汛综合调度管理系统、贵阳市智慧防汛决策系统以及上海构建的智能排水系统在城市防洪减灾和应急管理中得到较好应用。北京市应急指挥中心全天候处于工作状态，进行灾情的监测，实时跟踪及任务通知、下达，为高效开展灾害事件应急管理提供技术支撑。

1.2.5 相关文献计量分析

采用文献计量学方法系统梳理城市暴雨洪涝灾害研究进展、热点和发展趋势，为进一步深入研究城市暴雨洪涝问题提供参考。基于 2008—2019 年 Web of Science 核心合集数据库中城市暴雨洪涝问题相关文献，采用 CiteSpace 和 SATI3.2 软件对其年度发文频次、发文期刊、发文机构、关键词共现、文献共被引以及研究前沿进行分析。城市暴雨洪涝知识量化分析流程如图 1-2 所示[44]。基于城市暴雨洪涝灾害视角，样本数据来源于美国科技信息所（Institute for Scientific Information，ISI）推出的 Web of Science 核心合集数据库（WoS）。WoS 包括 SCI-E，SSCI，CPCI-S，CPCI-SSH，CCR-E 和 IC 收录的文献。文献数据的检索式为：TS＝urban flood disaster，文献类型设定为 Article，时间跨度为 2008—2019 年，经过文献题录信息统计分析工具 SATI 去重得到有效文献 491 篇。

1. 文献量时序分布分析

对文献数据进行去重后得到有效文献 491 篇，平均每年 41 篇，被引数量共计 5404 篇，每年平均引用次数为 450 次，年度分布情况如图 1-3 所示。

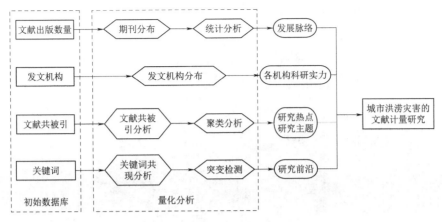

图 1-2　城市暴雨洪涝知识量化分析流程

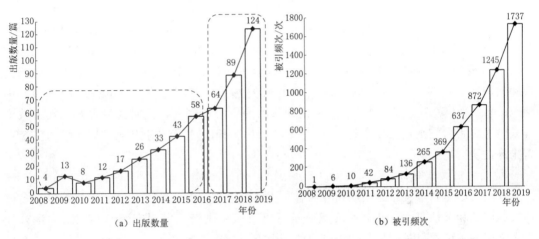

（a）出版数量　　　　　　　　　　　　（b）被引频次

图 1-3　城市暴雨洪涝文献出版数量与文献被引频次分布

由图 1-3 可知，城市暴雨洪涝灾害相关文献的出版数量与被引频次均呈上升态势，表明城市暴雨洪涝灾害相关研究在不断增加。从图 1-3（a）中可以看出"城市暴雨洪涝灾害"相关研究划分为平稳增长和快速增长两个发展阶段。平稳增长阶段（2008—2016年）：该阶段发文量在初始阶段呈波动增长且发文量较低，随后持续增长，年际差异较小。快速增长阶段（2017—2019 年）：该阶段发文量的增幅明显高于平稳增长阶段，其中阶段分隔点是 2017 年。出版文献数量于 2019 年达到最高峰，出版文献数量为 124 篇，说明对于城市暴雨洪涝灾害的研究一直备受专家学者的关注。2008—2019 年文献被引频次呈显著增长趋势，增幅高达 99.9%。通过以上分析可知，城市暴雨洪涝灾害相关研究仍然是研究热点问题。

2．主题词共现分析

利用 CiteSpace 软件进行主题词共现分析，可以揭示该研究领域的研究方向及趋势变化。将 491 篇文献的基本信息导入到 CiteSpace 中进行主题词分析，对同义词进行合并得到主题词共现知识图谱，如图 1-4 所示。

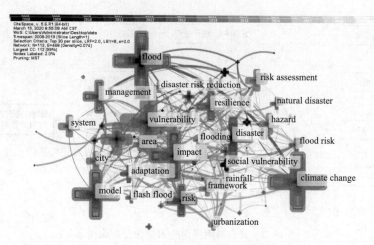

图1-4 主题词共现知识图谱

由图1-4可知：主题词共现知识图谱密度为0.074，主题词共现知识图谱较为稀松，相关研究主题趋于分散。除检索主题词外，气候变化（climate change）、脆弱性（vulnerability）、模型（model）、灾害（disaster）、风险（risk）等节点较大，说明这些主题词出现频次较高，代表了城市暴雨洪涝灾害的研究热点。气候变化（climate change）、影响（impact）、模型（model）[45-46]等关键词节点的中心性较高，说明这些研究主题为城市暴雨洪涝灾害研究重点。社会脆弱性（social vulnerability）等节点代表了城市暴雨洪涝灾害未来的研究趋势。

3. 共被引文献分析

共引文献是指与文献有共同研究内容、相同参考文献的文献，共引文献的数量越多说明文献间的相关性越大，共被引文献分析可以对城市洪涝灾害研究领域知识结构进行分析。文献的被引数量是衡量学术影响力的一个重要指标，通过文献追溯能够剖析不同学科领域的研究演变过程。在CiteSpace中将网络节点设置为Reference，得到共被引文献网络知识图谱，并对其进行聚类分析，聚类知识图谱如图1-5所示。

由图1-5可知：网络节点数量为236个，根据聚类模块值（Modularity，Q值）和聚类平均轮廓值（Silhouette，S值）对聚类结果进行评估，一般而言，Q值在［0，1］区间内，当$Q>0.3$意味着划分出来的社团结构是显著的[47]。图1-5中$Q=0.7685>0.3$，说明该聚类结果所划分出来的社团结构是显著的。根据被引文献可将城市暴雨洪涝划分为6个研究类别，分别为脆弱性（vulnerability）、自然灾害（natural disaster）、上海（Shanghai）、地理信息系统（GIS）、灾害数据库（disaster database）和气候变化适应（climate change adaptation）。其中，脆弱性[48]、气候变化适应[49]为该领域的主要研究主题；地理信息系统[50]、灾害数据库[51]为该领域的主要研究方法或手段；自然灾害、上海[52-53]等主题为该领域较常出现的节点。

4. 研究前沿分析

高频主题词突现情况见表1-1，共检测出11个突现主题词，粗黑线段为主题词发生突现的持续时间。突现强度高的主题词为特定时段内研究热点。其中，除检索关键词外，

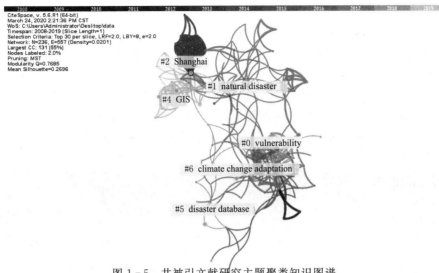

图 1-5 共被引文献研究主题聚类知识图谱

表 1-1　　　　　　　　　　　高频主题词突现情况

突现主题词	强度	开始年份	结束年份	2008—2019 年
simulation	4.6202	2008	2013	
flood	5.1924	2009	2014	
disaster	6.2032	2009	2013	
disaster management	3.6254	2009	2015	
health	2.9581	2013	2015	
river	2.9104	2014	2015	
remote sensing	2.6392	2015	2016	
social vulnerability	2.8031	2017	2019	
China	4.4488	2017	2019	
index	2.606	2017	2019	
natural hazard	2.6388	2017	2019	

突现词强度最高的为灾害（disaster），强度为 6.2032，其次为模拟仿真（simulation），强度为 4.6202，表明 2008—2013 年期间城市洪涝灾害研究以模拟仿真为主。社会脆弱性（social vulnerability）、自然致灾因子（natural hazard）、灾害指标（index）的突现时间均为 2017—2019 年，为城市暴雨洪涝灾害研究热点。总体来看，2008—2019 年城市暴雨洪涝灾害研究趋于多元化。

通过上述文献计量分析结果可以看出：

（1）自 2008 年以来，城市暴雨洪涝灾害相关研究逐渐增加，预计未来一段时间内仍然会持续增长。脆弱性、模型等主题词出现频次较高，代表了城市暴雨洪涝灾害的研究热点。灾害、社会脆弱性等主题词中心度较高，代表了城市暴雨洪涝灾害研究领域发展趋势。通过突变分析可知，近年来，针对城市暴雨洪涝灾害的研究视角较为丰富，社会脆弱性、洪涝灾害指标是城市暴雨洪涝灾害研究热点，城市暴雨洪涝灾害的风险管理、应急管理和信息管理是重要研究方向。

（2）城市暴雨洪涝问题日益凸显，当前文献主要集中在特征分析和模拟仿真等方面，针对成因复杂、突发频发的城市暴雨洪涝问题，如何做好科学应对是关键，海绵城市建设、城市排水管网改造和重要易涝点整治等从工程措施角度为解决城市暴雨洪涝问题提供思路。从非工程措施角度，通过构建预估、预测、预报、预警、预案和预演等一体化的城市暴雨洪涝应对新模式，增强城市防御暴雨洪涝灾害的能力，提升城市暴雨洪涝快速应对水平，最大限度减少城市暴雨洪涝灾害损失，具有重要意义和应用价值。

1.3 研究目标、内容与技术路线

1.3.1 研究目标

变化环境影响下城市暴雨洪涝事件频发、广发，成因复杂，灾损严重，受到国家相关部门和专家学者的高度重视，通过科学认识变化环境下城市暴雨洪涝特性，提高城市暴雨洪涝管理决策水平，响应环境变化快速应对，最大限度降低城市暴雨洪涝灾害损失。以变化环境下城市暴雨洪涝事件为研究对象，基于适应性管理理论，将情景分析、复杂性理论、暴雨洪涝模型、数字地球和综合集成等理论与技术应用到城市暴雨洪涝灾害管理中，采用情景分析、水文模拟、综合集成与组件开发等技术手段，从不同时空尺度，风险管理、应急管理和信息管理多个角度出发，将城市暴雨洪涝的常态管理和应急管理相结合，基于城市暴雨洪涝灾害风险评估、灾害事件特征描述、情景模拟仿真和动态监测预警提出城市暴雨洪涝适应性管理模式，采用现代信息技术设计并研发城市暴雨洪涝适应性管理系统，将现代信息技术贯穿城市暴雨洪涝管理整个过程，快速响应环境变化，以提供城市暴雨洪涝适应性管理服务，提高城市防洪减灾水平。

1.3.2 研究内容

围绕变化环境下城市暴雨洪涝适应性管理关键问题，本书主要内容包括：

（1）城市暴雨洪涝灾害风险评估。主要包括城市暴雨洪涝灾害风险识别、风险评估和系统实现等内容。剖析城市暴雨洪涝灾害风险成因及其影响要素，筛选灾害风险评估指标，建立城市暴雨洪涝灾害风险评估指标体系，构建城市暴雨洪涝灾害风险评估模型。基于综合集成平台搭建城市暴雨洪涝风险评估系统，实现城市暴雨洪涝风险动态评估。

（2）城市暴雨洪涝事件特征描述。主要包括城市暴雨洪涝事件演变过程、事件描述和事件推理等内容。采用系统动力学方法分析暴雨洪涝事件演变过程，基于 PSR 模型和贝叶斯网络对城市暴雨洪涝事件进行描述，采用 CBR 方法对城市暴雨洪涝相似事件进行推理，基于预案快速制定应对方案，为事件应对和管理决策服务。

（3）城市暴雨洪涝情景模拟仿真。主要包括 SWMM 模型构建、模型模拟和应用实例等内容。先对 SWMM 模型进行概述，在此基础上对研究区域进行分析，设置模拟参数，设计模拟情景，以典型城市为例开展不同降雨重现期、不同雨型和不同城市化水平的城市暴雨洪涝模拟，采用情景分析方法实现不同情景下城市积水点、管网溢流分析。

（4）城市暴雨洪涝动态监测预警。基于 5S 集成、多源信息融合、DIKW 集成模型和按需计算服务等技术，通过城市暴雨洪涝大数据分析、城市暴雨洪涝动态监测、城市暴雨

洪涝分级预警装置和网络舆情动态监测，建立城市暴雨洪涝动态监测预警系统，提供城市暴雨洪涝基础信息、动态监测、模拟仿真、分级预警和辅助决策等服务。

（5）城市暴雨洪涝适应性管理系统。基于风险管理、应急管理和信息管理的理论和方法提出城市暴雨洪涝适应性管理模式，遵循面向服务架构，采用组件化软件开发和综合集成等技术，设计并研发集城市暴雨洪涝风险管理、应急管理和信息管理为一体的城市暴雨洪涝适应性管理系统，为城市暴雨洪涝提供动态模拟、情景分析、应急预案和过程管理等适应性管理主题服务。

1.3.3 技术路线

1. 研究思路

遵循"风险管理-应急管理-信息管理"总体思路，提出城市暴雨洪涝适应性管理模式，构建城市暴雨洪涝适应性管理系统。基于城市暴雨洪涝灾害成因分析、风险评估和风险应对，建立城市暴雨洪涝风险评估指标体系，对城市暴雨洪涝事件进行风险管理。基于情景模拟的预警信息推演和基于情景重构的应急预案服务，按照"情景-应对"思路，将情景模拟、监测预警、应急预案相关联，以形成一体化应对机制，为变化环境下城市暴雨洪涝提供短期、近实时和实时的响应策略，改传统的事后分析和被动应对为事前风险管理、事中的应急管理以及贯穿事件演变整个过程的信息管理。基于综合集成技术构建集风险管理、应急管理和信息管理一体化的城市暴雨洪涝适应性管理系统，综合集成城市暴雨洪涝的动态模拟服务、情景分析服务、应急预案服务和过程管理服务等主题服务，提高城市暴雨洪涝应对和管理决策的主动性、时效性和有效性。

2. 研究方法

（1）理论研究与实证分析相结合。针对城市暴雨洪涝问题，从暴雨过程及时空变化特征分析等基础的水文计算开始，设计不同降雨情景，结合历史典型城市暴雨洪涝事件，剖析城市暴雨洪涝形成机理。提出城市暴雨洪涝适应性管理模式，从城市暴雨洪涝风险评估、特征描述到基于模型的模拟仿真再到基于信息技术的动态监测预警和应急管理服务，通过实例应用验证模式的可行性和系统的适用性。通过实证将理论应用到城市暴雨洪涝事件适应性管理中。

（2）定性到定量的综合集成方法。城市暴雨洪涝应急管理模式是针对环境变化，以人为主、决策支持系统辅助管理决策的综合集成方法体系，其中，既有对典型城市暴雨洪涝事件的定性分析，也有对城市暴雨洪涝事件描述和情景设计等定量计算。既有基于水文水动力学模型的城市暴雨洪涝情景模拟仿真，也有基于数字地球三维可视化环境的城市暴雨洪涝监测预警以及基于综合集成平台的城市暴雨洪涝应对预案的定性研讨。

（3）系统论和还原论的有机融合。城市系统和气象水文系统都是复杂的系统，传统针对城市暴雨洪涝研究通常将其视为一个单独的对象，注重分析其通用的、一般性的特征与属性，并通过对其基本属性特征的调整与修正，实现系统优化。还原论通过将复杂的系统进行抽象，将其划分为若干相互关联的子系统，化复杂为简单，用简单诠释复杂。针对变化环境下城市暴雨洪涝变化特征的分析，采用系统论思想，城市暴雨洪涝监测预警和城市暴雨洪涝情景模拟仿真按照还原论的思想，将复杂的城市暴雨洪涝问题描述为不同的主题和情景，根据不同主题和情景开展主题服务和情景模拟服务。

（4）多学科交叉研究方法。城市暴雨洪涝适应性管理是气象学科、城市水文、防灾减灾、管理科学和信息科学等多学科基础理论和方法交叉研究与应用，从气象和水文基本理论入手，对城市降雨进行计算并分析其变化特征，采用复杂性理论将复杂的城市暴雨洪涝问题划分为不同主题，构建变化环境下城市暴雨洪涝适应性管理模式，基于适应性管理系统，实现城市暴雨洪涝预警、模拟仿真和过程化管理。

3. 技术路线

本书研究技术路线如图 1-6 所示，通过对城市暴雨洪涝灾害风险动态评估、事件特征描述、情景模拟仿真和动态监测预警，建立城市暴雨洪涝风险管理、应急管理和信息管理一体化的适应性管理系统，提供动态模拟、情景分析、应急预案和过程管理等暴雨洪涝事件管理决策主题服务。

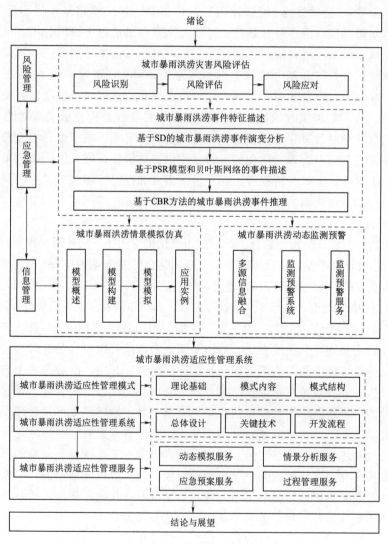

图 1-6 技术路线图

2 城市暴雨洪涝灾害风险评估

城市暴雨洪涝灾害给城市发展和生产生活均带来较大的影响，在加强"海绵城市"和排水防涝设施等工程措施建设的同时应重视非工程措施。本章在识别城市暴雨洪涝灾害风险基础上，建立洪涝灾害风险评估指标体系，构建灾害风险评估模型，基于综合集成平台搭建暴雨洪涝灾害风险动态评估系统，并通过实例对城市暴雨洪涝灾害风险评估模型及应用系统进行验证。

2.1 城市暴雨洪涝灾害风险识别

针对城市暴雨洪涝灾害风险识别，主要从城市暴雨洪涝灾害成因和城市暴雨洪涝风险影响要素两个方面进行分析。

2.1.1 灾害成因分析

城市暴雨洪涝成因复杂，受到气候变化、城市化发展等多方面因素影响，本章主要从城市降水变化特征、降水影响要素分析、城市化发展、排水管网变化和管理等方面对其成因进行剖析。

1. 降水变化特征

强降水超过城市排水能力产生积水，形成城市暴雨洪涝灾害。以西安市为研究区域，对 1951—2019 年市区暴雨量、暴雨日数、暴雨发生次数进行分析，结果如图 2-1（a）、图 2-1（b）、图 2-1（c）所示。由图 2-1（c）可知，暴雨集中分布在 4—10 月，和历年典型暴雨洪涝灾害情况相符，1951—2019 年西安市市区 4—10 月降水量、降水日数、降水强度变化趋势如图 2-1（d）、图 2-1（e）、图 2-1（f）所示。

由图 2-1 可知：1951—2019 年 7 月暴雨次数最多，4 月暴雨次数最少，4—10 月降水量、降水日数均呈减少趋势，降水强度呈增加趋势，暴雨量呈增加趋势，暴雨日数呈减少趋势，表明西安市降水强度增大、强降水量增多，容易产生城市暴雨洪涝灾害。

2. 降水影响要素分析

采用交叉小波变换（Cross Wavelet Transform，CWT）和小波相干（Wavelet Coherence，WTC）对降水与太阳黑子数、AO、ENSO 等气候异常因子进行小波分析[54-55]。

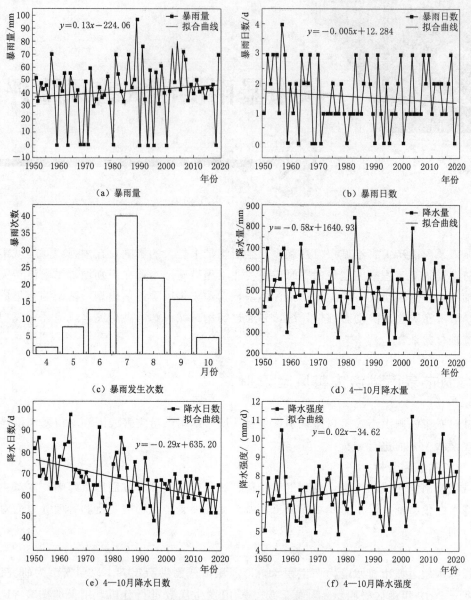

图 2-1　西安市 1951—2019 年降水特征分析

1951—2019 年 4—10 月降水与温度、太阳黑子数、AO 和 ENSO 等气象因子的 CWT 与 WTC 分析如图 2-2 所示。图中的细凹实线代表影响锥，位于该曲线以外的能量谱由于受 到边界效应的影响而不予考虑，粗实线范围内表示通过了 5‰ 置信水平显著性检验。图中 "→"表示两个时间序列之间呈正相关，"←"表示两个时间序列之间呈负相关，"↑"与 "↓"分别表示降水相位变化超前与落后气象因子相位 90°[56]。

　　从图 2-2（a）中可以看出，降水与温度在 1980—1985 年、1994—2000 年和 1996— 2018 年分别存在 4～5a、0～2a 和 3～5a 的显著周期。图 2-2（b）中可以看出，在 1960—1990 年和 1995—2017 年分别存在 4～7a 和 0～6a 的周期，其相位角向左表明降水

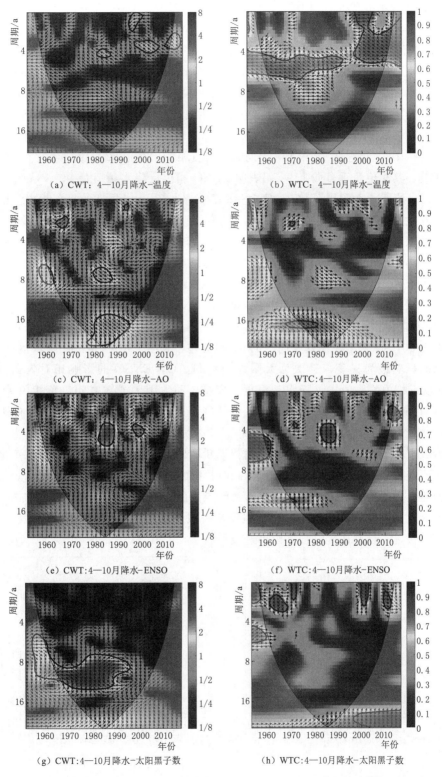

（a）CWT：4—10月降水-温度 　　　　　　（b）WTC：4—10月降水-温度

（c）CWT：4—10月降水-AO 　　　　　　（d）WTC：4—10月降水-AO

（e）CWT：4—10月降水-ENSO 　　　　　　（f）WTC：4—10月降水-ENSO

（g）CWT：4—10月降水-太阳黑子数 　　　　　　（h）WTC：4—10月降水-太阳黑子数

图 2-2　1951—2019 年西安市市区 4—10 月降水与温度、AO、ENSO、太阳黑子数的 CWT 和 WTC 分析

与温度呈显著负相关关系。从图 2-2（c）中可以看出，降水与 AO 在 1965—1970 年、1980—1990 年、1980—1995 年和 1994—1996 年分别存在 2～3a、6～8a、16～24a 和 0～2a 的显著周期。从图 2-2（d）中可以看出，在 1970—1972 年和 1972—1980 年分别存在 3a 和 16～20a 的周期，其相位角一致向右，表明降水与 AO 呈显著正相关关系。从图 2-2（e）中可以看出，降水与 ENSO 在 1997—2003 年存在 4～5a 周期的显著负相关，在 1980—1990 年存在 4～6a 周期的显著相关，其相位角垂直向上 90°，表明 ENSO 相位比降水量落后 90°。从图 2-2（f）中可以看出，在 1958—1962 年存在 4～7a 周期的显著正相关，在 1969—1972 年存在 4a 和 15a 周期的显著负相关，在 1982—1990 年存在 4～6a 周期的显著相关，其相位角垂直向上 90°，表明 ENSO 相位比降水量落后 90°。从图 2-2（g）中可以看出，降水与太阳黑子数在 1960—1997 年存在 7～14a 周期的显著相关，1980 年左右相位角发生变化，1980 年之前为显著负相关，1980 年之后为显著正相关。从图 2-2（h）中可以看出，在 1967—1970 年、1970—1972 年和 2000—2003 年分别存在 1～3a、0～2a 和 0～3a 周期的显著负相关，在 2010—2012 年存在 1～3a 周期的正相关。

综上分析可知，降水与温度、AO、ENSO 和太阳黑子数之间均存在显著相关性，但是在不同时域中存在差异。降水与温度、AO 和 ENSO 分别存在 2～6a、16～22a 和 4～6a 的显著共振周期。降水与太阳黑子数存在 7～14a 和 0～3a 的显著共振周期。降水与 ENSO 在 1980—1990 年存在垂直向上的 90°相位差，表明 ENSO 相位比降水落后 90°。温度对降水的影响最为显著，其次为太阳黑子数和 AO，ENSO 的影响相对较弱。降水与 AO 之间以正相关关系为主，降水与温度、ENSO 和太阳黑子数之间以负相关关系为主，表明 AO 对降水主要有正向影响，温度、ENSO 和太阳黑子数对降水主要有负向影响。

3. 城市化发展

随着城市化进程的推进，城市建筑面积不断增加，立交桥和下穿隧道等城市微地形不断增加，西安市 2000—2018 年立交桥数和建成区面积变化情况如图 2-3 所示。城区立交桥下或两侧低洼地带一般为城市暴雨洪涝易涝点，西安市立交桥数的增加，增加了城市暴雨洪涝易涝点数，容易形成积涝。城市建设使得城市的不透水面积增加，地表径流增大，汇流速度加快，一旦遭遇短时强降雨易造成积涝。

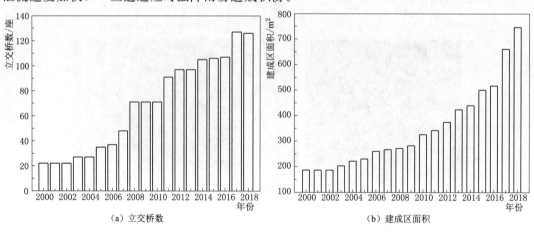

（a）立交桥数　　　　　　　　（b）建成区面积

图 2-3　西安市 2000—2018 年立交桥数和建成区面积变化情况

城市发展使得城市用地结构也发生了较大变化,城市下垫面的改变对城市产汇流过程产生较大影响。采用 ArcGIS 对西安市市区 1995—2018 年土地利用类型变化情况进行空间分析。通过分析可知:随着时间变化,建设用地面积不断增大,尤其是 2015 年以后,建设用地面积增速较快,与此同时耕地、林地、草地面积在不断减少,水域面积在 2015 年之前呈增加趋势,2015 年之后呈减少趋势。

图 2 - 4 为 1995—2018 年西安市不同土地利用类型占比分布情况。由图 2 - 4 可知,各土地类型中建设用地占比最大,其次为耕地、林地和草地,水域面积占比最小。1995年不透水面积占比为 35%,2015 年不透水面积占比为 48%,而 2018年不透水面积则占比为 67%,增长速度较快。2015 年之前建设用地、水域面积增长速度较为缓慢,而林地、耕地、草地面积则减少速度较为缓慢;2015 年之后建设用地面积增速增加,与此同时水域、耕地、林地、草地面积增速减少。

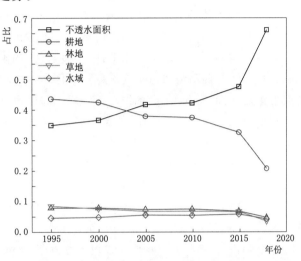

图 2 - 4　1995—2018 年西安市不同土地利用类型占比分布情况

表 2 - 1 为西安市市区 1995—2018 年不同土地利用类型转移矩阵。由表 2 - 1 可知,草地转化为建设用地和耕地占比最多,分别占其面积的 35.2% 和 30.0%,耕地、林地和水域转化为建设用地占比最大,分别占其面积的 58.2%、57.5% 和 42.3%;建设用地转化为其他土地类型中,耕地占比最大,占其面积的 6.9%,草地面积变化不大。1995—2018 年草地、耕地、林地和水域面积分别减少了 58.9%、53.3%、40.8%、7.8%,建设用地面积增加了 89.5%。

表 2 - 1　　　　西安市市区 1995—2018 年不同土地利用类型转移矩阵　　　　单位:km²

1995 年	2018 年					
	草地	耕地	建设用地	林地	水域	总计
草地	12.28	20.39	23.89	7.34	4.00	67.91
耕地	10.32	113.32	208.51	15.85	10.35	358.36
建设用地	0.00	19.86	265.26	4.23	0.06	289.40
林地	4.64	9.64	35.13	6.73	5.00	61.14
水域	0.68	4.03	15.56	2.03	14.50	36.79
总计	27.92	167.24	548.35	36.19	33.90	813.61

城市化进程加快使得水域面积减少,洪水调蓄能力降低,耕地、草地、林地面积大幅减少,建设用地面积大幅增加,使得地表持水、滞水及下渗能力降低,产汇流过程缩短,

地表径流增多，当发生短时强降雨时易形成城市暴雨洪涝事件。

4. 排水管网变化

西安市排水系统以雨污分流制为主，但在护城河以内及护城河外围老城区等部分区域，由于建设年代较久，排水系统修建较早且主要采用雨污合流制，排水设施设计标准相对偏低，雨水管网的暴雨设计重现期普遍偏低，管径较小且较为老旧，使得排水能力不足。部分区域尤其是二环以外区域市政管网普及率不足80%，部分重要行洪通道仍在建设，部分排水管网仍然采用雨污混流制，海绵城市和地下排水管廊建设处于试点阶段，当遇到强降雨时容易造成暴雨洪涝事件。主城区内的雨水主要通过排水管网排入曲江池、兴庆湖、护城河等调蓄池或污水处理厂，城区实际面积是雨水调蓄面积的两倍，城市雨水调蓄能力不足。图2-5（a）为西安市2002—2018年雨水+雨污合流管道长度和密度的发展趋势图。由图2-5（a）可知，西安市的雨水+雨污合流管道长度呈增长趋势，2012年之前雨水+雨污合流管道密度总体上呈增加趋势，2012年以后呈减少趋势，城市雨水排水能力降低。雨污管道不仅要排放城市雨水还要排放污水，并且不能直接排入护城河及公园湖泊，一旦遇到暴雨容易发生溢流，不仅会形成积涝还会污染环境，造成交通堵塞，影响市民出行。图2-5（b）为西安市2000—2018年排水管道长度和排水管道密度的变化趋势。由图2-5（b）可知，西安市排水管道长度逐年增加，排水管道密度在2012年以前总体呈增长趋势，2012年以后逐年下降。排水管道密度逐年下降的原因主要是由于城市化进程加快，2012年以后排水管道增长速度低于建成区面积的增长速度，城市排水能力仍然不足，容易形成城市暴雨洪涝事件。

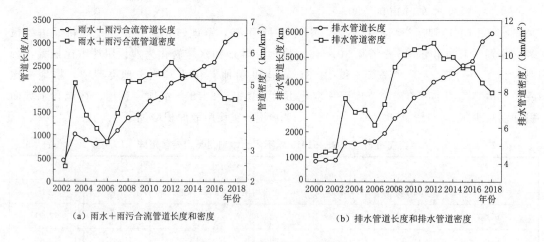

(a) 雨水+雨污合流管道长度和密度   (b) 排水管道长度和排水管道密度

图2-5　西安市管道变化情况

5. 管理方面

城市排水系统管理和维护不到位会导致排水能力降低，并进一步引发城市暴雨洪涝事件。首先，主城区部分排水系统采用雨污合流制，部分生产生活垃圾未经妥善处理进入排水管网，经长期堆积严重堵塞排水管道；市政道路上随意乱扔的垃圾会堵塞排水栅格，阻挡雨水汇集排放速度，导致排水不畅。其次，建筑施工、道路施工、市政管线铺设等施工过程，如果安全文明施工措施或者管理不到位，会造成混凝土等建筑垃圾堆积和堵塞排水管网系统，降低城市排水能力。此外，当暴雨来临时，由于人力、物力的限制无法及时将积水抽排，或者防汛机械调度等问题进一步加剧城市暴雨洪涝灾害损失。

2.1.2 风险影响要素

自然灾害风险指灾害活动对社会经济、人类生命财产等方面造成破坏的可能性，城市暴雨洪涝灾害是自然灾害的一种，城市暴雨洪涝灾害风险主要用于表征特定评价时空范围内，城市暴雨洪涝灾害造成的潜在损失大小及其发生的概率[57]，根据城市暴雨洪涝灾害成因及已有文献研究成果，风险影响要素主要包括：致灾因子、孕灾环境、承灾体和防灾减灾能力。

（1）致灾因子。致灾因子是城市暴雨洪涝灾害的风险源，是造成城市暴雨洪涝灾害损失的主要因素。致灾因子对承灾体产生作用直到灾害事件发生，灾害的危险程度主要以灾害事件发生的范围、频次、规模等指标进行表述。城市暴雨洪涝灾害主要致灾因子包括短时强降雨和长时间连续降雨。采用危险性表示致灾因子对城市暴雨洪涝灾害风险的影响，通常致灾因子危险性越高，灾害发生可能性就越高，造成的损失越严重。

（2）孕灾环境。孕灾环境指形成城市暴雨洪涝灾害的地理环境，主要指致灾因子与承灾体所处的外部环境，包括：大气圈、岩石圈、水圈、生物圈等。城市暴雨洪涝孕灾环境主要包括：地形地貌地势、植被覆盖、土地利用类型和水系等，容易受到人为因素影响[58]。由于不同区域环境存在差异，灾害事件对区域造成的影响也有所不同，孕灾环境差异性对灾害事件造成的影响有增强或减轻作用。采用敏感性表示孕灾环境对城市暴雨洪涝灾害风险的影响，灾害损失根据孕灾环境属性的不同存在差异。

（3）承灾体。承灾体指灾害事件作用的对象，是灾害发生的必要条件。承灾体的种类较多，城市暴雨洪涝灾害承灾体主要包括：人口、路网、经济水平等。采用脆弱性表示承灾体遭受灾害的影响程度，承灾体脆弱性越高表明灾害风险越大，反之亦然。

（4）防灾减灾能力。防灾减灾能力指城市暴雨洪涝灾害事件发生和发展过程中所采取的预防、适应、恢复等措施，分为工程措施和非工程措施。近年来，国内外加强了对防灾减灾工作的重视程度，通常采用政府公共预算、医院和泵站密度等表示防灾减灾能力。

城市暴雨洪涝灾害与上述 4 个影响要素紧密相关，灾害风险等级是由不同因素相互作用决定的，可以表示为：城市暴雨洪涝灾害风险＝致灾因子危险性×孕灾环境敏感性×承灾体脆弱性×防灾减灾能力，如图 2-6 所示。

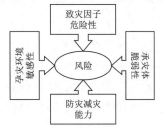

图 2-6 城市暴雨洪涝灾害风险构成

2.2 城市暴雨洪涝灾害风险评估模型

针对城市暴雨洪涝灾害风险评估过程，首先需要构建城市暴雨洪涝灾害风险评估指标体系，其次计算各个风险评估指标权重，最后通过建立风险评估模型对城市暴雨洪涝灾害风险进行评估。

2.2.1 风险评估指标体系

城市暴雨洪涝风险评估首先需要建立出一套可行的指标体系。根据暴雨洪涝灾害成因分析，致灾因子主要采用强降雨过程中的降雨量、降雨强度、降雨天数等指标。孕灾环境主要从地形、土壤、土地利用类型、渗透率等方面考虑。承灾体涉及社会、经济等多个方面，主要从人口、道路、建筑、经济等方面考虑。防灾减灾能力反映人们应对灾害的能力，主要从防涝能力、防涝措施、财政投入等方面考虑。

1. 风险评估指标筛选原则

（1）全面性与简约性原则。城市暴雨洪涝灾害影响因素较多，风险评估指标需要能够全面反映城市暴雨洪涝风险特征，每个指标含义要准确并且相对独立，但同时要遵循简约性原则，指标数量应适宜，需要考虑不同指标对评估结果的影响，确保评估结果的准确性[59]。

（2）客观性与定量性原则。客观性是指对于指标的选取要以灾害事件特征为基础。定量性侧重于评估指标与暴雨洪涝风险可量化，能够直接或间接反映暴雨洪涝风险的大小或等级，避免主观臆断筛选指标。同时需要注意评估指标的来源、数据的真实性，数据处理过程规范化、标准化，减小评估结果的误差[60]。

（3）可行性与科学性原则。指标选择应该符合客观实际，保证各个指标有明确的数据来源，便于风险等级的计算及后续风险评估。指标筛选需要遵循科学性原则，所选指标应具有明确的含义，能够客观反映对城市暴雨洪涝灾害风险的影响。

2. 风险评估指标体系建立

基于上述原则筛选风险评估指标，建立城市暴雨洪涝灾害风险评估指标体系。

（1）致灾因子。城市暴雨洪涝灾害致灾因子主要为短时强降雨和长时间连续降雨，通过分析可知西安市发生暴雨洪涝的雨强临界值偏低，较小的降雨量就会造成洪涝积水的发生。根据西安市城区防汛预案，当 12h 内降雨量达到 50mm，或者小时降雨量达到 8.2mm，即需要启动四级防汛预案[61]。

本书选取日降雨量作为暴雨洪涝灾害风险评估致灾因子指标。日降雨量大于 50mm 时，首先需要计算分段降雨临界值，将主城区 6 个行政区域的各个代表站的降水资料，按照由大到小的顺序进行排列，再将其按照 15%、10%、5% 的百分位数进行分段，得到相应的分位数，即不同百分位下的降雨量临界值（图 2-7），该值为不同概率下最小降雨量。

（2）孕灾环境。孕灾环境包括自然与社会两个方面，是自然与社会相互作用而形成的产物，对自然灾害的发生有较大影响。在遭受自然灾害时，不同区域对灾害的敏感程度不同，在相同灾害等级下，孕灾环境敏感性越高，受灾区域损失越严重。城市暴雨洪涝灾害的发生大多是由降雨引发的，在地势较低、排水不通畅、地面不透水等情况下形成了积水。植被覆盖程度对洪涝灾害的发生也有影响。研究表明植被可以增加降雨入渗、拦蓄径流，蓄洪作用较为明显，植被覆盖率越高的区域，土壤蓄水能力越强，洪涝灾害风险越低[62]。孕灾环境选取高程标准差、植被覆盖率和不透水面积占比 3 个指标（图 2-8）。

图 2-7 致灾因子指标

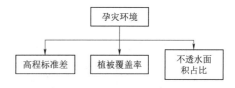

图 2-8 孕灾环境指标

1) 高程标准差：高程标准差表示地形的起伏变化，数值越小表明地形起伏变化不明显，地势相对平缓，易形成雨水滞留，反之亦然。

2) 植被覆盖率：植被覆盖率可以反映出研究区域植被覆盖情况，植被对地面雨量下渗有积极作用，植被覆盖有蓄洪作用，但城市化发展下，植被覆盖率下降，保水和蓄水能力随之下降。植被覆盖率越高的区域，孕灾环境易损性越低。

3) 不透水面积占比：不透水面一般是指阻止水分下渗到土壤的不透水材料所覆盖的表面，随着城市化发展，城市不透水面积增加，成为城市化程度衡量标准之一[63]。当发生降雨过程时，不透水面上更易形成地表径流，从而形成积水，因此不透水面积占比越高，易损性越高，城市暴雨洪涝灾害风险越大。

（3）承灾体。承灾体脆弱性可由研究区域内经济条件、人口密度、路网、生命线等指标进行表征，城市暴雨洪涝灾害承灾体主要选取城市路网密度、人口密度、地均 GDP、第三产业生产总值等作为风险评估指标（图 2-9）。

1) 城市路网密度：道路交通是城市发展程度的体现方式之一，诸如供电、供水、通信等城市赖以生存的生命线系统，大部分以道路交通网作为载体，或者分布在道路交通网附近。城市路网密度越大的区域，暴雨洪涝灾害风险越高。

2) 人口密度：人口是重要的承灾体，人口数量很大程度上反映出区域的社会经济发展水平，人口空间分布情况可为城市防洪减灾工作提供参考。人口密度是衡量承灾体脆弱性的重要指标，人口密度越大的区域，承灾体的脆弱性越大，暴雨洪涝灾害风险就越高。

3) 地均 GDP：GDP 可以反映一个区域经济发展水平，选取地均 GDP 作为经济状况评估指标。地均 GDP 越高的区域，经济越发达，城市暴雨洪涝灾害发生后所造成的损失也越严重。

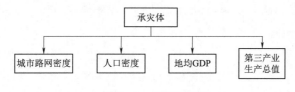

图 2-9 承灾体指标

4) 第三产业生产总值：第三产业包括交通运输业，水利、环境、公共设施管理业，居民服务和其他服务业，教育、卫生等行业，对人民生活和经济发展有直接影响，可以反映出区域经济发展水平，第三产业生产总值越高的区域，脆弱性越高。

（4）防灾减灾能力。防灾减灾能力是人们为预防自然灾害、减小灾害损失而采取的一系列措施，随着"国际减灾十年"行动纲领的颁布，防灾减灾能力日益得到重视[64]。研究区域内医疗机构水平的高低、经济状况的不同、政府财政的收支等，可以反映区域防灾减灾能力。城市暴雨洪涝灾害防灾减灾能力主要选取医院密度、人均可支配收入、政府一般公共预算收入、雨水泵站密度等指标（图2-10）。

1）医院密度：区域医疗卫生水平、医疗救护能力是防灾减灾能力的重要表现，通常医疗救护能力越高的区域，由此造成的灾害损失尤其是人员伤亡的风险相对偏低。

2）人均可支配收入：人均可支配收入可以作为群众抗灾能力的指标，通常用来衡量区域生活水平的变化情况。通常在人均收入高的区域，居民防灾减灾意识相对较高，灾后恢复能力较好。

3）政府一般公共预算收入：政府财政收入是指区域财政参与社会产品分配所取得的收入，可以反映出区域的经济状况。

4）雨水泵站密度：根据区域实际情况，雨水与污水主要通过排水管渠或自然径流就近排入河道、湖泊、水塘，再由泵站逐级抽排河道内的水，因此泵站数量对于防灾减灾有重要作用。

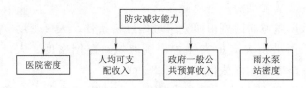

图2-10　防灾减灾能力指标

综上所述，本书建立的城市暴雨洪涝灾害风险评估指标体系共包括4个一级指标和14个二级指标，如图2-11所示。

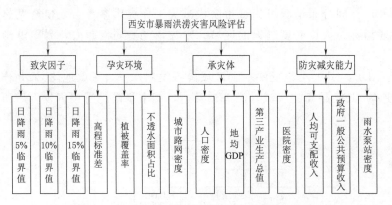

图2-11　城市暴雨洪涝灾害风险评估指标体系

城市暴雨洪涝灾害风险评估指标体系详细信息见表2-2。

2.2.2　风险评估指标权重

1. 指标数据标准化处理

常见的数据标准化处理方法有："极值标准化法（Min-max标准化）""标准差标准化法（Z-score标准化）""小数定标标准化法""log函数转换"等，不同方法适用条件存在

表 2-2	城市暴雨洪涝灾害风险评估指标体系			
目标层	准则层	指　标　层	单位	指标属性
西安暴雨洪涝灾害风险	致灾因子	日降雨 5% 临界值 c_1	mm	正向
		日降雨 10% 临界值 c_2	mm	正向
		日降雨 15% 临界值 c_3	mm	正向
	孕灾环境	高程标准差 c_4	/	负向
		植被覆盖率 c_5	%	负向
		不透水面积占比 c_6	%	正向
	承灾体	城市路网密度 c_7	km/km^2	正向
		人口密度 c_8	人/km^2	正向
		地均 GDP c_9	亿元/km^2	正向
		第三产业生产总值 c_{10}	亿元	正向
	防灾减灾能力	医院密度 c_{11}	个/km^2	负向
		人均可支配收入 c_{12}	元	负向
		政府一般公共预算收入 c_{13}	万元	负向
		雨水泵站密度 c_{14}	个/km^2	负向

差异，例如，Z-score 标准化法利用原始数据的均值与标准差对指标数据进行处理，适用于原始数据呈正态分布的情况，结果较为合理[65]。根据指标数据实际情况，选择合适的标准化方法，对其进行标准化处理。

城市暴雨洪涝灾害风险评估指标体系包含 14 个评估指标，各个指标之间存在量纲不统一的情况，无法直接进行比较，需要对数据进行标准化处理。通过对指标数据的分析，根据各指标自身的性质，将其分为正向指标与负向指标，采用"极值标准化法"对其进行标准化处理，消除数据量纲。

当指标为正向指标时，利用公式（2-1）进行标准化处理：

$$v_{ij} = \frac{x_{ij} - x_{\min}}{x_{\max} - x_{\min}} \qquad (2-1)$$

当指标为负向指标时，利用公式（2-2）进行标准化处理：

$$v_{ij} = \frac{x_{\max} - x_{ij}}{x_{\max} - x_{\min}} \qquad (2-2)$$

式中：x_{ij} 为第 i 个评估指标值；$x_{\min}$、$x_{\max}$ 为评估指标的最小值和最大值；v_{ij} 为标准化后数值。

首先利用公式（2-1）和公式（2-2）进行标准化处理，保证指标正负向一致。灾害成因分析和风险影响要素所建立的评价指标体系中所有指标值均为非负值，涉及种类较多，并且在量纲与性质上存在较大差异。由于指标对暴雨洪涝灾害风险的影响性质不同，其中高程标准差、植被覆盖率、医院密度、人均可支配收入、政府一般公共预算收入和雨水泵站密度与洪涝灾害风险呈负相关，值越大，洪涝灾害风险越小，为负向指标；其余指标为正向指标。由于灾害风险评估结果需要确定的数值表示，为方便后续计算，对各个指标进行等级划分。将灾害风险评估指标分为低风险、较低风险、较高风险和高风险4个等级。将所需的指标全部转化为正向指标，采用中位数法与均值法划分评估等级[66]，等级标准的下限为1级，依次类推，上限为4级。西安市主城区暴雨洪涝灾害风险评估指标等级划分如图2-12所示。

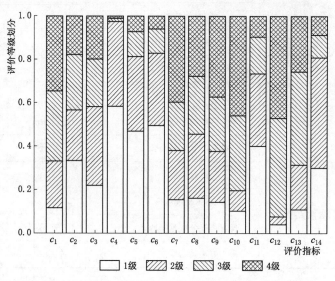

图 2-12 西安市主城区暴雨洪涝灾害风险评估指标等级划分

2. 基于层次分析法的主观权重计算

层次分析法是一种定性分析与定量分析相结合的方法，利用构建的层次结构模型，用定量化的方法表达人的主观判断。层次分析法计算权重的具体步骤如下。

（1）建立层次结构模型。首先建立指标体系层次结构模型，包括目标层、准则层和指标层，如图2-13所示。针对城市暴雨洪涝灾害风险，目标层为西安市暴雨洪涝灾害风险；准则层包括致灾因子、孕灾环境、承灾体和防灾减灾能力；指标层为上述评估指标体系中14个具体的指标。

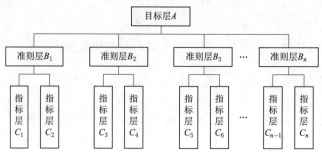

图 2-13 层次结构模型

（2）构造判断矩阵。将元素进行两两比较，构造判断矩阵。对于 n 个元素，构造出 $C=(C_{ij})_{n\times n}$ 的判断矩阵（C_{ij} 表示因素 i 和因素 j 相对于目标的重要性），构造判断矩阵如表 2-3 所示。其中，$C_{ij}>0$；$C_{ij}=\dfrac{1}{C_{ji}}$；$C_{ii}=1$。

表 2-3 　　　　　　　　　　　判　断　矩　阵

B_k	C_1	C_2	…	C_n
C_1	C_{11}	C_{12}	…	C_{1n}
C_2	C_{21}	C_{22}	…	C_{2n}
⋮	⋮	⋮	⋮	⋮
C_n	C_{n1}	C_{n2}	…	C_{nn}

采用 1～9 标度法对指标进行量化，如表 2-4 所示。

表 2-4 　　　　　　　　　　判　断　矩　阵　标　度　含　义

C_{ij} 赋值	定　义	C_{ij} 赋值	定　义
1	同等重要	9	绝对重要
3	略微重要	2，4，6，8	两个相邻标度的中间值
5	明显重要	倒数	标度数值互为倒数
7	强烈重要		

（3）一致性检验。利用公式（2-3）计算判断矩阵的一致性指标 CI，值越小（接近 0），判断矩阵的一致性越好，其中 $\lambda_{\max}$ 为判断矩阵的最大特征值。

$$CI=\frac{\lambda_{\max}-n}{n-1} \tag{2-3}$$

查找判断矩阵的平均随机一致性指标 RI，如表 2-5 所示。

表 2-5 　　　　　　　　　　　平均随机一致性指标

判断矩阵阶数	1	2	3	4	5	6	7	8	9
RI 值	0.00	0.00	0.58	0.90	1.12	1.24	1.32	1.41	1.45

利用公式（2-4）计算一致性比率 CR。

$$CR=\frac{CI}{RI} \tag{2-4}$$

当 $CR<0.1$ 时，判断矩阵的一致性可以接受；当 $CR\geqslant0.1$ 时，判断矩阵存在不一致性，需要对矩阵进行调整，直到满足一致性要求。

（4）指标权重计算。利用几何平均法计算指标权重向量。矩阵 C 的元素按行相乘得到新的向量，将新的向量每个分量开 n 次方，将所得向量归一化得到风险评估指标的权重系数 w_{i1}，公式（2-5）如下：

$$w_{i1}=\frac{\left(\prod_{j=1}^{n}C_{ij}\right)^{\frac{1}{n}}}{\sum_{i=1}^{n}\left(\prod_{j=1}^{n}C_{ij}\right)^{\frac{1}{n}}} \tag{2-5}$$

3. 基于熵权法的客观权重计算

熵权法根据熵的特性，熵值可以判断评估指标的离散程度，熵权可以反映评价对象在某个指标值的差值。在信息论中，熵值越小，则熵权越大，表明该指标所提供的信息量越大，所占的权重越大；相反，熵值越大，则熵权越小，表明该指标提供的信息量较小。针对西安市暴雨洪涝风险评估，通过熵值法能够计算有定量数值指标的客观权重。熵值法计算权重的具体步骤如下所示。

（1）判断矩阵构造。构造判断矩阵 $C=(C_{ij})_{m \times n}$，m 为评估对象个数，n 为被评估对象的评价指标个数。

（2）熵值计算。结合数据标准化处理方法，根据公式（2-6）计算熵值。

$$E_j = -k \sum_{i=1}^{m} f_{ij} \ln f_{ij} \quad (i=1,2,3,\cdots,n; j=1,2,3\cdots,n) \tag{2-6}$$

式中：$f_{ij} = \dfrac{v_{ij}}{\sum\limits_{i=1}^{m} v_{ij}}$；$k = \dfrac{1}{\ln m}$。

当 $f_{ij}=0$ 时，定义 $f_{ij} \ln f_{ij} = 0$。

（3）指标熵权计算。确定指标的熵值后，根据公式（2-7）计算指标熵权 w_{i2}。

$$w_{i2} = \frac{1 - E_j}{n - \sum\limits_{j=1}^{n} E_j} \tag{2-7}$$

4. 指标体系组合赋权法

为消除主观赋权法与客观赋权法各自的局限性，将主观权重 w_{i1} 与客观权重 w_{i2} 进行组合，得到综合权重 w_i。根据最小相对信息熵原理，利用拉格朗日乘子法通过公式（2-8）得到综合权重[67]。

$$w_i = \frac{(w_{i1} \times w_{i2})^{0.5}}{\sum\limits_{i=1}^{n} (w_{i1} \times w_{i2})^{0.5}} \tag{2-8}$$

通过上述权重确定的步骤，即可计算出暴雨洪涝灾害风险评估指标体系中各指标综合权重。

2.2.3 风险评估模型建立

城市暴雨洪涝灾害系统是典型的城市自然灾害系统，涉及范围较广。根据灾害风险影响因素分析，选取合理的指标建立暴雨洪涝灾害风险评估体系，采用合适的评估方法定量评估城市暴雨洪涝灾害风险，城市暴雨洪涝灾害风险评估模型建立流程如图 2-14 所示。

1. 物元可拓方法

物元可拓方法自 20 世纪 80 年代提出以来在人工智能、管理决策、系统工程等诸多领域得到应用，利用该方法可以通过多指标性能参数建立评价对象物元决策模型，反映评价对象综合水平[68]。基于物元可拓方法的城市暴雨洪涝灾害风险评估模型步骤如图 2-15 所示。

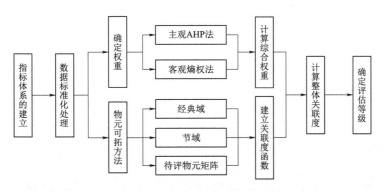

图 2-14 城市暴雨洪涝灾害风险评估模型建立流程

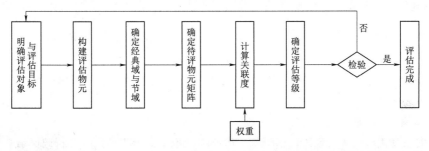

图 2-15 基于物元可拓方法的城市暴雨洪涝灾害风险评估模型步骤

物元 R 是由事件名称 N、事件特征指标 c 以及特征指标的量值 v 构成，即 N、c、v 为物元 R 的三要素，其矩阵可以表示为 $R=(N,c,v)$，为一维物元。通常事件 N 需要多个特征指标来描述，则将影响 N 的特征指标记为 n 个，记作 c_1，c_2，$\cdots$，c_n，相应的量值记作 v_1，v_2，$\cdots$，v_n，则其物元记为

$$R = \begin{bmatrix} N & c_1 & v_1 \\ & c_2 & v_2 \\ & \vdots & \vdots \\ & c_n & v_n \end{bmatrix} = \begin{bmatrix} R_1 \\ R_2 \\ R_3 \\ R_4 \end{bmatrix} \qquad (2-9)$$

2. 物元经典域确定

经典域是指描述事物 N 的每个特征指标 c 变化的基本区间，在西安市暴雨洪涝灾害风险评估中，经典域为评估所需指标随洪涝灾害风险等级变化的区间。设共有 n 个待评价的指标，分别为 c_1，c_2，$\cdots$，c_n，每个待评价特征指标有 m 个等级，则物元可拓模型经典域表示为

$$R_j = (N_j, c_i, v_{ji}) = \begin{bmatrix} N_j & c_1 & v_{j1} \\ & c_2 & v_{j2} \\ & \vdots & \vdots \\ & c_n & v_{jn} \end{bmatrix} = \begin{bmatrix} N_j & c_1 & \langle a_{j1}, b_{j1} \rangle \\ & c_2 & \langle a_{j2}, b_{j2} \rangle \\ & \vdots & \vdots \\ & c_n & \langle a_{jn}, b_{jn} \rangle \end{bmatrix} \qquad (2-10)$$

式中：N_j 为所划分的 j 个等级，其中 $j=1$，2，$\cdots$，m；c_i 为 N_j 的特征指标，其中 $i=1$，2，$\cdots$，n；$v_{ji}=\langle a_{j1}, b_{j1} \rangle$ 为事物 N_j 关于特征指标 c_i 的量值范围，a_{jn} 与 b_{jn} 分别为在等级 N_j 下的第 n 个特征值的等级下限与上限。

将暴雨洪涝灾害风险评估所需要的经典域以"高风险""较高风险""较低风险""低风险"4 个等级划分出对应的取值范围。在公式（2-10）中，N_j 表示暴雨洪涝灾害风险的第 j 个风险等级，c_i 表示洪涝风险评估指标，a_{jn} 与 b_{jn} 代表对应洪涝风险等级对应评估指标取值的下限与上限。

3. 物元节域计算

节域是事物 N 每个特征指标值 v 的值域，节域矩阵是指全部评估等级区间组成的矩阵。本书算例中，节域为各个指标值的值域，节域模型可以表示为

$$R_p = (P, c_i, v_{pi}) = \begin{bmatrix} P & c_1 & v_{p1} \\ & c_2 & v_{p2} \\ & \vdots & \vdots \\ & c_n & v_{pn} \end{bmatrix} = \begin{bmatrix} P & c_1 & \langle a_{p1}, b_{p1} \rangle \\ & c_2 & \langle a_{p2}, b_{p2} \rangle \\ & \vdots & \vdots \\ & c_n & \langle a_{pn}, b_{pn} \rangle \end{bmatrix} \qquad (2-11)$$

式中：P 为评估等级的全体；$v_{pi} = \langle a_{pn}, b_{pn} \rangle$ 为 P 关于 c_i 的值域范围；a_{pn}、b_{pn} 分别为特征指标 c_n 的下限与上限。

对于城市暴雨洪涝事件灾害风险，P 代表暴雨洪涝灾害风险等级集合，v_{pi} 为评估所需指标的取值范围。

4. 物元矩阵建立

以西安市暴雨洪涝灾害风险评估为例，待评物元矩阵即为主城区 6 个行政区域各自对应的 n 个指标构成的矩阵。对于待评价的事件，将其特征指标值组成为待评物元矩阵 R_0，可表示为

$$R_0 = (P_0, c_i, v_i) = \begin{bmatrix} P_0 & c_1 & v_1 \\ & c_2 & v_2 \\ & \vdots & \vdots \\ & c_n & v_n \end{bmatrix} \qquad (2-12)$$

式中：P_0 为待评区域；v_i 为待评区域 P_0 关于特征指标 c_i 的量值，即待评估事物的特征指标值。

5. 关联度计算

建立第 i 个指标数值域属于第 j 个等级的关联度函数，v_i 的关联函数 $K_j(v_i)$ 可表示为

$$K_j(v_i) = \begin{cases} \dfrac{\rho(v_i, v_{ji})}{\rho(v_i, v_{pi}) - \rho(v_i, v_{ji})} & v_i \notin v_{ji} \\ -\dfrac{\rho(v_i, v_{ji})}{|v_{ji}|} & v_i \in v_{ji} \end{cases} \qquad (2-13)$$

"距"是用来衡量点到区间距离的概念，表示某个指定元素到元素集合之间关系程度的疏密，公式（2-13）中 $\rho(v_i, v_{ji})$ 与 $\rho(v_i, v_{pi})$ 分别为待评特征指标数值 v_i 与对应特征向量有限区间 v_{ji} 和 v_{pi} 的距离，计算公式如下所示：

$$\rho(v_i, v_{ji}) = \left| v_i - \frac{a_{ji} + b_{ji}}{2} \right| - \frac{1}{2}(b_{ji} - a_{ji}) \qquad (2-14)$$

$$\rho(v_i, v_{pi}) = \left| v_i - \frac{a_{pi} + b_{pi}}{2} \right| - \frac{1}{2}(b_{pi} - a_{pi}) \qquad (2-15)$$

$K_j(P_0)$ 为待评估区域 P_0 关于评价等级 j 的关联度，计算公式如下所示：

$$K_j(P_0) = \sum_{i=1}^{n} w_i K_j(v_i) \qquad (2-16)$$

式中：w_i 为前文中计算出的特征指标对应的综合权重。

6. 风险等级计算

通过步骤 1～5 计算出待评估事物的关联度 $K_j(P_0)$ 后，通过公式（2-17）可以得到西安市主城区各行政区的洪涝风险等级 K_j。

$$K_j = \max[K_j(P_0)] \quad (j = 1, 2, \cdots, m) \qquad (2-17)$$

2.3 城市暴雨洪涝灾害风险应对

针对城市暴雨洪涝灾害风险应对，不同城市制定了相应的应对措施，主要包括改变土地利用类型、改善城市排水系统、加强城市建设规划等工程措施，以及提高城市暴雨洪涝预测预报和预警水平、提高居民防涝意识等非工程措施。

2.3.1 风险评估应用实例

1. 数据来源

西安市作为西部重要中心城市，近年来多次发生暴雨洪涝事件，灾害损失严重，受到相关部门和社会的广泛关注。将上述构建的暴雨洪涝灾害风险评估模型应用到西安市主城区的暴雨洪涝灾害风险评估，确定主城区各行政区域风险等级，为西安市暴雨洪涝灾害管理和应对提供依据。

评估模型所需的土地利用、地形地貌、行政区边界、植被覆盖率等空间地理数据主要来源于中国科学院资源环境科学数据中心，降雨数据来源于西安市气象局和陕西省水利厅雨情简报，人口、社会生产总值、人均可支配收入、政府一般公共预算收入和医院等社会经济数据来源于《西安统计年鉴》，其余数据主要来源于《西安市地方志》、西安市人民政府公布数据、《西安市国民经济和社会发展统计公报》《中国主要城市道路网密度监测报告》等年鉴或报告。

2. 风险评估指标权重计算

（1）主观权重计算。采用 AHP 方法，首先对同层级的指标进行两两对比，对城市暴雨洪涝灾害风险影响越大的指标，其重要程度越高。依据计算步骤，构造判断矩阵，判断其一致性，最终求得指标的主观权重，如图 2-16 所示。

（2）客观权重计算。在熵权理论中，指标值差别越大，则表明该指标包含的信息量越大，指标对评估对象的影响越大，因此该指标所占权重也就越大。熵权法是客观赋权法，数据来源于样本自身，以指标的实际数据为指标赋权。选取西安市主城区各指标 2018 年的数据，基于熵权法得到每个评价指标的客观权重，如图 2-17 所示。

（3）综合权重计算。采用层次分析法与熵权法计算主观权重与客观权重，在此基础上，依据公式（2-8）计算得到各指标综合权重，各项指标综合

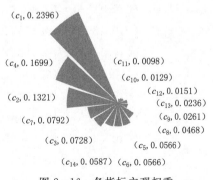

图 2-16　各指标主观权重

权重结果如图 2-18 所示。

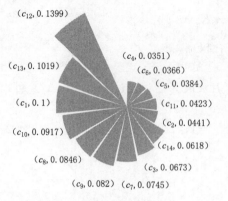

图 2-17 各指标客观权重

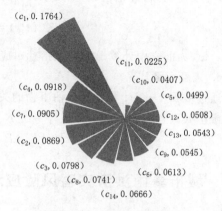

图 2-18 各指标综合权重

从图 2-18 中可以看出，日降雨 5% 临界值所占权重最大，结合历史典型暴雨洪涝事件，强降雨是引发城市洪涝的最重要原因，因此该指标所占权重最大符合实际情况。除去降水因素，地表高程影响着积水状况，低洼地区更易形成积水，进而引发洪涝，因此高程标准差的权重系数仅次于日降水 5% 临界值的权重系数。路网密集的地区易形成积水，且道路密集的地区人口也相对应的密集，当发生洪涝时，灾害对周边的影响更为严重，洪涝风险相应较大，因此路网密度的权重相应较大。通过与实际情况的对比，各指标权重系数符合实际情况。

3. 灾害风险评估模型求解

根据物元可拓评估方法确定西安市暴雨洪涝风险评估的经典域 R_j 与节域 R_p，其中，暴雨洪涝灾害风险评估模型的经典域为

$$R_j = \begin{array}{cccc}
 & \text{低风险} & \text{较低风险} & \text{较高风险} & \text{高风险} \\
c_1 & (0,0.1176) & (0.1176,0.3333) & (0.3333,0.6532) & (0.6532,1) \\
c_2 & (0,0.3350) & (0.3350,0.5662) & (0.5662,0.8244) & (0.8244,1) \\
c_3 & (0,0.2205) & (0.2205,0.5827) & (0.5287,0.8031) & (0.8031,1) \\
c_4 & (0,0.5856) & (0.5856,0.9759) & (0.9759,0.9901) & (0.9901,1) \\
c_5 & (0,0.4709) & (0.4709,0.8141) & (0.8141,0.9289) & (0.9289,1) \\
c_6 & (0,0.4972) & (0.4972,0.8307) & (0.8307,0.9417) & (0.9417,1) \\
c_7 & (0,0.1553) & (0.1553,0.3815) & (0.3815,0.6051) & (0.6051,1) \\
c_8 & (0,0.1633) & (0.1633,0.4584) & (0.4584,0.7232) & (0.7232,1) \\
c_9 & (0,0.1440) & (0.1440,0.3775) & (0.3775,0.6276) & (0.6276,1) \\
c_{10} & (0,0.1045) & (0.1045,0.1982) & (0.1982,0.5416) & (0.5416,1) \\
c_{11} & (0,0.4016) & (0.4016,0.7342) & (0.7342,0.9052) & (0.9052,1) \\
c_{12} & (0,0.0408) & (0.0408,0.0760) & (0.0760,0.5294) & (0.5294,1) \\
c_{13} & (0,0.1096) & (0.1096,0.3152) & (0.3152,0.7461) & (0.7461,1) \\
c_{14} & (0,0.3006) & (0.3006,0.8104) & (0.8104,0.9127) & (0.9127,1)
\end{array} \qquad (2-18)$$

暴雨洪涝灾害风险评估模型的节域为

$$R_p = \begin{bmatrix} c_1 & c_2 & c_3 & c_4 & c_5 & c_6 & c_7 & c_8 & c_9 & c_{10} & c_{11} & c_{12} & c_{13} & c_{14} \\ (0,1) & (0,1) & (0,1) & (0,1) & (0,1) & (0,1) & (0,1) & (0,1) & (0,1) & (0,1) & (0,1) & (0,1) & (0,1) & (0,1) \end{bmatrix}^T$$

建立待评物元 R_0,待评物元即各行政区各自指标的实际值,由于所选指标正负向不同,因此将指标数值标准化后建立待评价物元,如下所示。

$$R_0 = \begin{bmatrix} & 新城区 & 碑林区 & 莲湖区 & 灞桥区 & 未央区 & 雁塔区 \\ c_1 & 1.0000 & 0.0194 & 0.5307 & 0.0000 & 0.1359 & 0.6262 \\ c_2 & 0.6443 & 0.0000 & 0.9071 & 0.4387 & 0.4881 & 1.0000 \\ c_3 & 0.0000 & 0.0787 & 1.0000 & 0.4587 & 0.7067 & 0.8268 \\ c_4 & 0.9734 & 1.0000 & 0.9943 & 0.0000 & 0.9783 & 0.7810 \\ c_5 & 1.0000 & 0.9726 & 0.9579 & 0.0000 & 0.5986 & 0.6702 \\ c_6 & 0.8884 & 0.9944 & 1.0000 & 0.0000 & 0.6609 & 0.7730 \\ c_7 & 0.3534 & 1.0000 & 0.4096 & 0.4337 & 0.0000 & 0.0843 \\ c_8 & 0.7112 & 1.0000 & 0.6656 & 0.0000 & 0.0316 & 0.2513 \\ c_9 & 0.5053 & 1.0000 & 0.5006 & 0.0000 & 0.0544 & 0.2543 \\ c_{10} & 0.1154 & 0.4268 & 0.2358 & 0.0000 & 0.1605 & 1.0000 \\ c_{11} & 0.5651 & 0.0000 & 0.4706 & 1.0000 & 0.9812 & 0.9034 \\ c_{12} & 0.0466 & 0.0797 & 0.0722 & 1.0000 & 0.5123 & 0.0000 \\ c_{13} & 0.9230 & 0.1707 & 0.0000 & 0.0136 & 1.0000 & 0.4596 \\ c_{14} & 0.0913 & 0.7658 & 0.0000 & 1.0000 & 0.8551 & 0.9277 \end{bmatrix} \qquad (2-19)$$

根据建立的经典域与节域,依据建立的关联函数,结合各指标综合权重计算各个行政区指标对应的关联度,依次为新城区、碑林区、莲湖区、灞桥区、未央区和雁塔区,结果如图 2-19~图 2-24 所示。

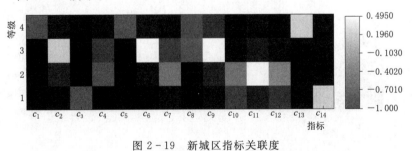

图 2-19 新城区指标关联度

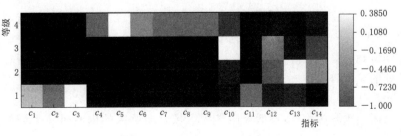

图 2-20 碑林区指标关联度

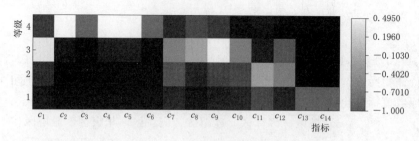

图 2-21 莲湖区指标关联度

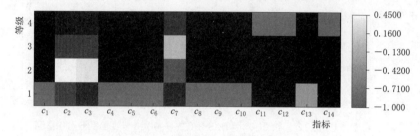

图 2-22 灞桥区指标关联度

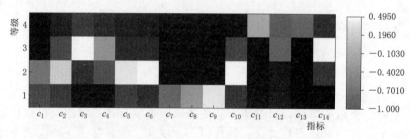

图 2-23 未央区指标关联度

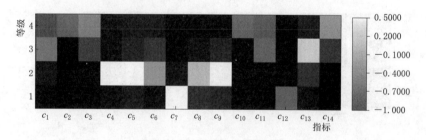

图 2-24 雁塔区指标关联度

结合图 2-19~图 2-24 计算得到的各个行政区各指标的关联度与各指标相对应的权重 w_i，按照公式（2-16），计算得到西安市主城区 6 个行政区域的综合关联度，根据最大隶属度原则得到最终的风险评估等级，结果如图 2-25 所示，图中星号所在区域代表该行政区域所处的风险等级。

由图 2-25 可知：新城区、碑林区、莲湖区 3 个区域的洪涝风险等级最高，为 V_4 高风险等级，未央区、雁塔区为 V_2 较低风险等级区域，灞桥区的内涝风险等级相对最低，为 V_1 低风险等级。

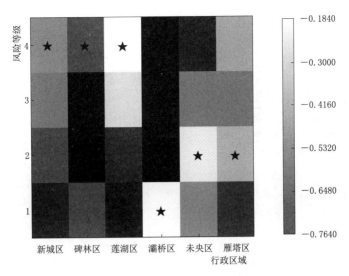

图 2-25 西安市主城区内涝风险评估结果

4. 评估结果分析

以高风险等级的碑林区与低风险等级的灞桥区为例进行分析。由图 2-20 与图 2-26（b）可知：碑林区的 14 个评估指标中，6 个指标处于高风险区，2 个指标处于较高风险区，2 个指标处于较低风险区，4 个指标处于低风险区，其中高程标准差 c_4、植被覆盖率 c_5、不透水面积占比 c_6、城市路网密度 c_7、人口密度 c_8、地均 GDP c_9 这 6 个指标的关联度均属于高风险等级，虽然在降水方面，碑林区相较于其他行政区处于低风险等级，但是结合权重，综合各方面指标得出的结果碑林区洪涝风险仍处于高风险等级。由于碑林区位于西安市主城区的中心位置，人员分布密集、不透水面积占比高、交通路网密度高，若发生同等级降水，则洪涝的风险等级会相应较高，且当发生灾害时造成的损失也相应较高。由图 2-22 与图 2-26（d）可知：灞桥区的 14 个评估指标中，3 个指标处于高风险区，2 个指标处于较低风险区，8 个指标处于低风险区，可以看出灞桥区的评估指标大多数处于相对较低的风险区，只有医院密度 c_{11}、人均可支配收入 c_{12}、雨水泵站密度 c_{14} 这 3 个指标的关联度属于高风险等级。由于灞桥区位于西安市的边缘区域，开发程度较低，人员相较于城区中心区域会少很多，人口密度较小，因此相比中心城区洪涝风险等级较低。

由图 2-27 可知：①在致灾因子方面，新城区、雁塔区与莲湖区的风险等级相对较高，处于 V_4 等级，结合西安市城区降雨实际情况来看，西安市处于关中盆地，年内盛行东风，并且在城市热岛效应的影响下，西安市城区降雨情况呈现出西部相对较大的情况。②在孕灾环境方面，碑林区与莲湖区的风险等级相对较高，处于 V_4 等级，这是由于这两个区域处于西安市中心，地势相对平坦，当发生降雨时，因城市化水平高而造成的不透水面积占比高、植被覆盖率低，导致路面积水不能及时排出，在地表形成径流，提高了该区域的孕灾环境敏感性风险程度。③在承灾体方面，碑林区风险等级相对较高，处于 V_4 等级，其次为莲湖区与新城区，处于 V_3 等级。碑林区、莲湖区与新城区处于西安市城区的中心位置，人口密度最大、建筑物密度最密集、路网密度最大，相较于其他区域，是主城区内"含金量"最高的区域，承灾体易损性等级相对最高，当发生洪涝灾害时，受到的损

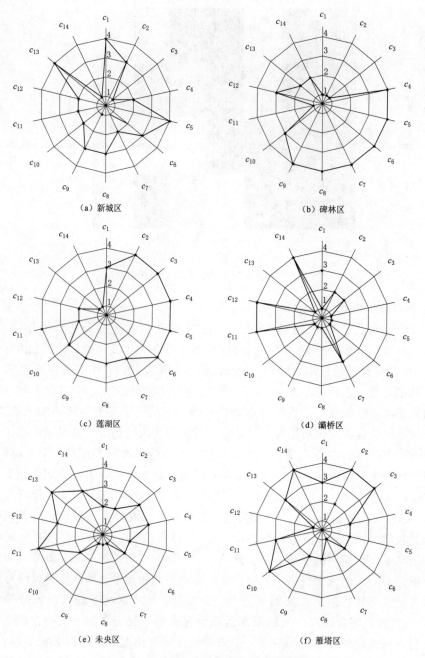

图 2-26 行政区域各指标关联度划分

失相对较大。④在防灾减灾方面，未央区与灞桥区风险等级相对较高，处于 V_4 等级，处于中心区域的新城区与莲湖区的风险等级最低。通过分析可以发现，未央区与灞桥区主要受到医院密度与人均可支配收入两个指标的影响，从而降低了防灾减灾的能力，使得防灾减灾方面风险性增加。西安市发展以城区中心向外辐射，在新开发的区域基础设施不健全，从而导致了防灾减灾能力也以中心向外逐渐降低。

2016 年 7 月 24 日，西安市突发强降雨，造成城区内部分路段积水，碑林区南稍门十字、南二环太白路立交、南关正街体育馆等路段，莲湖区劳动路、西稍门十字、昆明路与汉城路交会处等路段，雁塔区小寨十字、长安路立交等路段，均发生了不同程度的洪涝。2018 年 8 月 21 日，在短时强降雨的影响下，莲湖区油库街，碑林区南稍门十字，未央区明光路 29 街口、北三环等路段，积水严重。2019 年 8 月 25 日，雁塔区城南客运站、西影路等路段积水严重。结合近几年暴雨洪涝事件可以看出西安市发生洪涝积水路段空间分布上较为均匀。

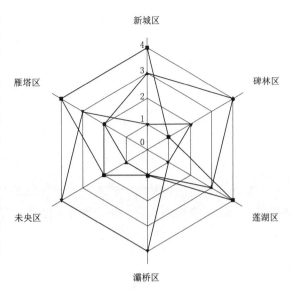

图 2-27　准则层风险等级

在城市暴雨洪涝灾害空间分布较为均匀的情况下，对主城区进行综合分析，碑林区、新城区与莲湖区的风险等级最高，均为"高风险"等级，其次是未央区与雁塔区为"较低风险"等级，灞桥区为"低风险"等级。结合各区域指标关联度图 2-19～图 2-24 进行分析，新城区、碑林区、莲湖区的孕灾环境敏感性与承灾体易损性相对较高，这是由于 3 个行政区处于主城区中央，植被覆盖较少、建筑物密集、路网密度高，多为城市建设用地，不透水地面区域大，人口密度、地均 GDP 均大于其他行政区。相较于新城区、碑林区与莲湖区而言，灞桥区、未央区与雁塔区的防灾能力较弱，这是由于围绕着中心城区逐步向外延伸的区域中人口密度逐步减少，人均 GDP 减少，医院的设立也逐渐减少等方面的原因造成的，其中灞桥区防灾减灾能力最弱。

根据最终的洪涝风险评估等级可以看出，新城区、碑林区、莲湖区为洪涝风险等级最高，为 V_4 高风险等级，未央区与雁塔区为 V_2 较低风险等级，灞桥区的内涝风险等级相对最低，为 V_1 低风险等级。通过对比西安市洪涝灾害实际情况，基于物元可拓模型计算得到的洪涝等级与实际相符合。

2.3.2　风险动态评估系统

不同区域的自然、经济和社会状况存在差异，难以采用一套指标体系评估任何区域，在对西安市洪涝灾害风险评估研究的基础上，基于综合集成平台，采用组件和综合集成等技术搭建西安市洪涝灾害风险动态评估系统，对洪涝灾害风险进行动态评估。该评估系统具有搭建速度快、便于灵活修改等特点。

基于综合集成平台的西安市洪涝灾害风险评估系统，首先对前期数据的计算方法和评估模型进行组件化。以西安市为例进行应用，开发西安市洪涝灾害风险评估指标组件。采用层次分析法与熵权法结合的方式计算指标综合权重，以消除主观赋权与客观赋权各自的缺陷。采用组件化开发技术定制层次分析法和熵权法相对应的组件，再将两者进行综合，得到最后的综合权重。赋权组件模块逻辑关系如图 2-28 所示。

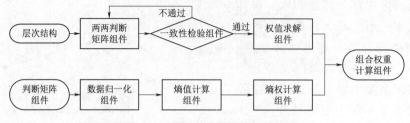

图 2-28　赋权组件模块逻辑关系图

根据物元可拓法定义物元，确定待评物元矩阵、经典域、节域，计算关联度，计算评估等级等步骤，依次进行组件化，物元可拓评估方法组件模块逻辑关系如图 2-29 所示。

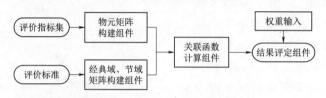

图 2-29　物元可拓评估方法组件模块逻辑关系图

依据数据仓库的建设过程，将西安市洪涝风险评估所需的数据存入对应数据仓库中，方便后续的计算。

西安市主城区包括了新城区、碑林区、雁塔区、碑林区、灞桥区、未央区 6 个行政区域，绘制西安市主城区地图，点击不同的行政区，可对该行政区进行指标构建、风险评估。

城市暴雨洪涝的发生由多个因素造成，其指标有着深层次的相互影响。例如，提高城市建设，就会减少植被覆盖，进而影响路面积水的下渗，因此这些指标的等级归属具有一定的矛盾性与不相容性。采用层次分析法和熵权法结合的方法确定指标综合权重，采用物元可拓法对西安市主城区进行洪涝风险评估。根据模型结构和计算流程绘制洪涝灾害风险评估知识图，定制相关组件，搭建西安市城市洪涝风险评估系统。为了知识图界面美观、清晰，对图中的部分数据流程进行隐藏，通过优化形成最终暴雨洪涝灾害风险评估模型知识图，如图 2-30 所示。

左上角时间按钮可根据实际的需求，为风险评估选择时间尺度，以 2018 年为例进行评估。组件库中存储了多种不同的评估方法，可根据实际情况选择相应的评估方法，依据前文所构建的洪涝灾害风险评估模型，选取了层次分析法与熵权法结合的方式进行指标综合权重计算，采用物元可拓评价方法进行案例评估结果分析。点击知识图中的"综合权重"节点，通过计算得到各指标的权重结果，如图 2-31 所示，快速计算得到各个指标对应的权重。

点击知识图中的"物元可拓评价结果"节点，可以得到最终的洪涝灾害风险评估结果，对各等级的关联度数据进行详细的展示，并对关联度数值进行排序，如图 2-32 所示。可以看出碑林区、雁塔区、灞桥区、未央区、新城区、莲湖区对应的内涝灾害风险等级依次为高风险、较低风险、低风险、较低风险、高风险和高风险。

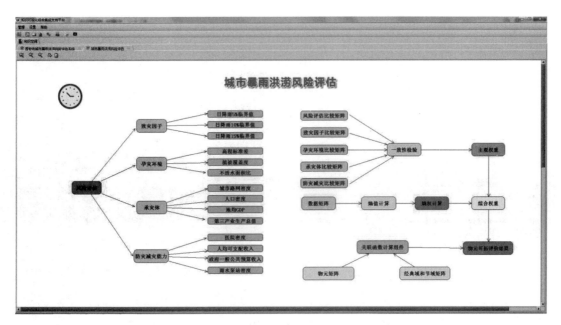

图 2-30 暴雨洪涝灾害风险评估模型知识图

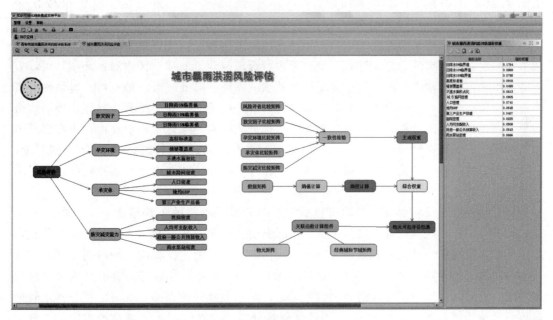

图 2-31 指标权重结果

2.3.3 洪涝事件应对措施

1.城市暴雨洪涝事件应对工程措施

（1）提升城市绿地面积。西安市作为西部地区的重要中心城市，城市化发展速度较快，根据《西安统计年鉴》统计数据，从 2010 年至 2018 年，西安市建成区面积从 395km² 增至 724km²，增长较快，市区内不透水面积逐年增加，其中莲湖区和碑林区的不

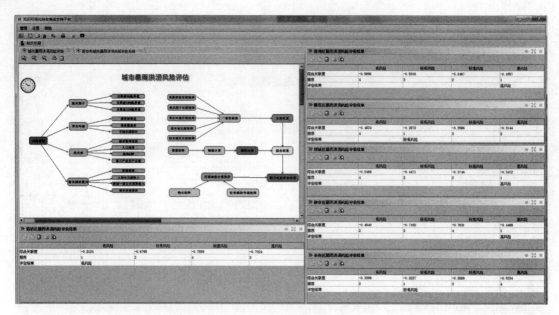

图 2-32　风险评估结果

透水面积占比高达 94.52% 和 94.22%，新城区、雁塔区、未央区、灞桥区依次为 88.49%、82.26%、76.20%、40.50%[69]。西安市建设从城区中心向外逐步扩散，二环以内和经济开发区建筑密度相对较高，不透水面积占比较大，使得雨水渗透减少，更易形成洪涝积水。对城市的绿地、建筑、交通等进行合理规划，增加市区内绿地面积，可以有效降低雨水形成的地表径流，对恢复城市自然水文循环、降低城市的敏感性、脆弱性有着积极的作用。另外，通过对历史典型暴雨洪涝事件分析可知，立交桥和下穿隧道等城市微地形，在遭遇强降雨过程时，容易形成积涝，部分道路两侧绿化带高出地面，未起到排泄雨水作用。因此，在增加城市绿地的同时也要对现有的绿地进行改造，形成下凹式绿地，且减少对绿地周围的围挡，方便雨水的流入，充分发挥绿地的雨水蓄留渗透功能，同时满足景观需求。

（2）加强排水设施建设。排水管网的改造与建设是重要的工程措施之一。2018 年年底，西安市的建成区排水管道密度为 7.88km/km²，低于全国均值 8.82km/km²，并且西安市的排水管网雨污合流的问题较为突出。兴庆湖、曲江池、汉城湖、护城河是西安市的主要蓄洪池，总调蓄水量 2.56×10⁶ m³，调蓄面积 150km²。目前仍未能满足城市实际排水需求，西安城市排涝系统改造空间较大。通过对相关资料的查阅，老城区部分排水管网暴雨设计重现期普遍为 0.5～1 年。当遭受极端降雨，排水管网无法满足排水需求，地面产生积水形成洪涝，因此提高排水管网暴雨设计重现期、加快排水管网建设、落实管网雨污分流，可以减少洪涝的发生，同时，需定期疏通管网，防止管网堵塞。

（3）海绵城市和海绵措施建设。近几年来，针对城市暴雨洪涝管理，国家相关部门提出了建设海绵城市，对海绵城市的研究逐渐成为热点。海绵城市是一种新的雨洪管理模式，利用"渗、滞、蓄、净、用、排"等方式，建设自然积存、自然渗透、自然净化的海绵城市使城市水文循环呈现良性循环，实现自然积存、自然渗透、自然净化的城市发展方式，解决"城市看海"难题，缓解城市热岛效应。2016年"7·24"西安市暴雨洪涝事件中，小寨十字等市区多处路段积水严重，部分积水倒灌入小寨地铁车站，致使地铁小寨站临时关闭，造成严重经济损失和负面影响。2017年7月，总投资约200亿元的西安市暨小寨区域海绵城市建设工程启动，通过建设62个海绵城市项目，推进西安市海绵城市建设，建设内容主要包括：内涝整治、积水点改造、市政管网改造等12大类工程。小寨地区自开展海绵措施建设以来，经对比分析，同等降雨条件下原有易涝点均未发生明显的积水现象，取得一定成效。

2. 城市暴雨洪涝事件应对非工程措施

非工程措施是洪涝灾害防治的重要组成部分，相比工程措施，非工程措施投资相对较少，周期相对较短，并且短期内能够看到成效。依据国务院办公厅印发的《国家综合防灾减灾规划（2016—2020）》以及西安市政府办公厅印发的《西安市综合防灾减灾规划》，以预防为主，通过开展洪涝灾害风险、监测预警和应急管理等工作，从非工程措施角度为城市防洪减灾提供思路。

（1）加强风险评估、监测预警、应急管理等工作。逐步完善西安市风险评估指标体系与技术方法，对洪涝灾害风险进行科学评估，推进全过程的灾害风险管理，开展暴雨洪涝风险区划，为后续洪涝灾害的风险管理和应急管理提供依据，对抢险救灾的机械和人员进行优化调度，优先对风险等级高的区域实施救灾措施，以风险评估结果为参考依据，为区域规划和开发建设提供参考。

完善动态模拟和监测预警机制，基于水文水动力学方法构建区域暴雨洪涝模型，基于对不同情景下区域暴雨洪涝进行模拟仿真，通过对区域内气象、水文等城市洪涝基础信息的监测统计，分析其基本特征与发展趋势，基于防汛应急预案，根据模拟仿真和动态监测信息及时开展分级预警和应急响应，快速组织应急应对，最大限度降低灾害损失。

应急管理以减小灾害损失为主要目标，可将城市暴雨洪涝灾害事件划分为事前准备、事中处理、事后处置3个主要阶段。其中，事前以物资准备、救援措施、应急演练、监测预警为主，事中以灾情控制、应急会商、抢险救援为主，事后以灾损统计、物资补充、灾后建设为主，逐步形成完善的应急预案库，在发生洪涝灾害时启动相应应急预案。西安市防汛预案分为四级，以不同降雨量为预警信息，针对不同防汛等级启动相应防汛预案。

（2）提高城市防洪减灾信息化水平。随着科技的发展，信息时代已经来临，以传统的方式管理、应对城市暴雨洪涝灾害已经无法满足当前的需求。充分利用大数据、物联网、云计算、北斗、遥感技术等信息科技手段，对多源信息进行集成、融合和分析，可以帮助完成对洪涝灾害的监测预警、应急应对等工作，改善变化环境下对城市洪涝的治理。例如，采用遥感技术对洪涝路段进行实时的监测，开发信息管理平台，利用信息平台进行应急指挥，对灾后的数据进行信息化管理等。通过信息化手段，可以增强信息的准确性和时效性，为灾前预警、灾中救援和灾后处置的全过程提供更为科学的管理和指挥。

（3）建立健全相关法规政策，提高居民防灾意识。依据我国现行的《中华人民共和国防洪法》，制定西安市针对暴雨洪涝治理的相应规章，加强对洪涝灾害的治理，出台相应市政工程建设标准。对于城市管理者，要提出科学合理的防涝治涝方案，适当时将城市的排水防涝工作列入政府绩效考核体系。

目前城市居民缺乏风险意识、对排水设施的维护不够重视，常出现向排水口丢弃垃圾、倾倒污水的现象。城市暴雨洪涝事件的发生影响着城市内每一个居民，因此做到全民参与，提高全民风险意识，是城市暴雨洪涝风险管理的核心之一。加大宣传力度，充分利用"防灾减灾日"活动，对城市内各个社区街道、在校学生、市民群众进行宣传，对公众开展知识宣讲、技能培训、应急演练等教育活动，提升市民的防涝意识和自救能力。

2.4　本章小结

本章首先剖析了城市暴雨洪涝灾害成因，分析了城市暴雨洪涝灾害风险影响要素，从致灾因子、孕灾环境、承灾体、防灾减灾能力 4 个方面识别城市暴雨洪涝灾害风险，建立城市暴雨洪涝灾害风险评估指标体系。综合采用层次分析法和熵权法计算评价指标权重，采用物元可拓方法建立城市暴雨洪涝灾害风险评估模型。综合采用组件和综合集成等技术，设计并研发了基于综合集成平台的城市暴雨洪涝灾害风险评估系统，基于系统对城市暴雨洪涝灾害进行动态评估。以西安市为研究区域对风险评估模型和系统进行应用，验证模型的准确性和系统的可操作性，结果表明：所建立的评估模型能够较好表征城市暴雨洪涝灾害风险，评估结果和实际情况较为吻合，基于组件和综合集成的风险评估系统可视化效果好、能够响应环境变化，快速得到评估结果，易于操作和推广应用。

3 城市暴雨洪涝事件特征描述

城市暴雨洪涝事件适应性管理是个复杂的过程，本章采用复杂性理论对事件特征进行描述。基于系统动力学（System Dynamics，SD）方法分析城市暴雨洪涝事件演变过程，通过熵理论解析城市暴雨洪涝事件的系统状态，基于 PSR 模型和贝叶斯网络对城市暴雨洪涝事件进行过程化描述和情景分析，采用 CBR 方法开展城市暴雨洪涝事件案例推理。

3.1 基于 SD 的城市暴雨洪涝事件演变分析

针对城市暴雨洪涝事件演变分析，首先通过对城市暴雨洪涝事件的事前准备、事中处理和事后处置 3 个方面进行分析，建立其子系统模型；其次基于所构建的 3 个子系统模型，构建城市暴雨洪涝事件整个演变过程的系统动力学模型。

3.1.1 事件演变过程

系统动力学模型由因果回路图和存量流量图构成。系统内部各个构成因素之间相互作用形成复杂的关系网，因果回路图通过描述系统变量之间的逻辑关系，定性表达系统各要素之间的关系，描述系统内部各变量因素之间的因果关系和反馈过程，但是无法表达系统内部构成要素的变量性质，不能对系统结构进行定量分析，需要构建存量流量图对系统内部变量因素进行定量分析。存量流量图可以反映系统内部要素和信息之间的关系，通过结合定量描述得到不同时间系统动态变化的行为状态。采用 Vensim 软件对变量之间的函数关系进行仿真模拟，并对仿真模拟结果进行验证和分析。

城市暴雨洪涝事件是一个复杂的系统，包括应急物资储备、应急救援等环节、事前演练、事中应急、事后安置等不同阶段。通过对大量文献的总结和梳理，本书将城市暴雨洪涝事件的应急应对系统划分为 3 个子系统，分别是事前准备子系统、事中处理子系统和事后处置子系统[70]。城市暴雨洪涝事件应急应对系统的模型总体结构如图 3-1 所示。

1. 事前准备子系统因果图

事前准备主要反映了暴雨洪涝事件发生前的监测、预防、演练等工作。事前准备子系统是模型的基础子系统，通过 t 检验和模糊评判对影响事前准备的因素进行一定的归纳、选择，最终确定事前准备子系统的变量因素构成，见表 3-1。

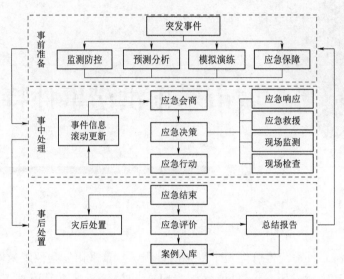

图 3-1 城市暴雨洪涝事件应急应对系统的模型总体结构

表 3-1 事 前 准 备 影 响 变 量

核心变量类型	编号	子 变 量
管理因素	A1	应急模拟演练
	A2	救援物资储备量
技术因素	B1	监测数据
	B2	预测预警
	B3	技术资金投入
社会因素	C1	宣传教育
	C2	不透水面积
	C3	区域经济发展水平
	C4	基础设施建设水平
	C5	植被覆盖
	C6	医疗机构个数

通过系统动力学模型的因果回路图和存量流量图，可以直观反映事前准备子系统内部各变量因素之间的相互作用关系。为了明确城市暴雨洪涝灾害事件各子系统之间的变量关系，采用 Vensim 软件对系统中各个因素进行可视化表达。基于事前准备子系统中管理因素、技术因素、社会因素 3 种核心变量，建立事前准备子系统因果回路图，如图 3-2 所示。

在事前准备子系统中一条变量关系为区域 GDP→区域经济发展水平（＋）→技术资金投入（＋）→救援物资储备量（＋）、医疗机构个数（＋）→应急模拟演练（＋）→管理因素（＋）→事前准备效果（＋）。区域 GDP 是对该地区总体经济发展水平的直观体现，区域 GDP 越高说明该区域的经济发展水平越好，社会投入资金就会越多，对救援物资和医疗机构的储备和建设就会比较丰富，也有利于应急模拟演练的进展，进而提高事前准备的质量。

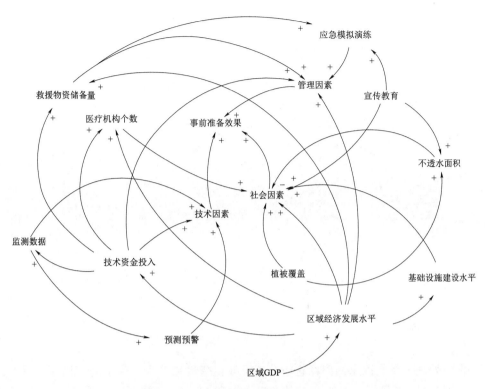

图 3-2 事前准备子系统因果回路图

2. 事中处理子系统因果图

事中处理阶段的主要内容是根据城市暴雨洪涝事件发生过程中的影响程度，确定应急预案等级，制定应急响应措施。基于事前准备子系统的变量因素，建立事中处理子系统的主要变量因素，见表 3-2。

表 3-2 事中处理影响变量

核心变量类型	编号	子变量
管理因素	A2	救援物资储备量
	A3	救援响应时间
	A4	防汛救援人员
	A5	启动应急预案等级
	A6	部门间有效的合作
技术因素	B3	技术资金投入
	B4	应急决策方案
自然因素	D1	降水的随机性
	D2	期间平均降水量
	D3	最大降水强度
	D4	单次降水历时
	D5	最大积水深度
	D6	受灾面积
	D7	中心城积水断路个数

根据事中处理变量因素，建立事中处理子系统因果回路图，如图 3-3 所示。

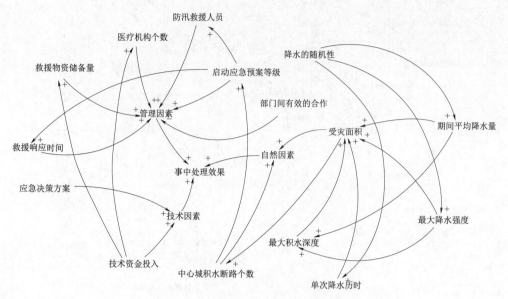

图 3-3 事中处理子系统因果回路图

对事中处理子系统因果回路图进行分析可知，变量关系为：降水的随机性→平均降水量（＋）［最大降水强度（＋）］→最大积水深度（＋）→受灾面积（＋）→中心城积水断路个数（＋）→启动应急预案等级（＋）→防汛救援人员（＋）、救援响应时间（＋）→管理因素（＋）→事中处理效果（＋）。由于降水具有较大不确定性，并且和平均降水量、最大降水强度呈正相关关系，而平均降水量和最大降水强度与最大积水深度呈正相关关系，进一步引发城市暴雨洪涝灾害。城市化建设的不断推进使得城市不透水面积增加，当出现短时强降雨时易形成城市局部地区积水，降雨强度越大，积水越严重，受灾面积越大，造成积水断路个数越多，启动的应急预案等级越高，救援人数越多。

3. 事后处置子系统因果图

城市暴雨洪涝事件事后处置主要包括：开展救灾、灾后重建、灾后评价和总结等，解决事前准备和事中处理过程中存在的问题，对应急决策、应急方案进行改进。基于事前准备子系统和事中处理子系统的变量因素，建立事后处置子系统的主要变量因素，见表 3-3。

表 3-3　　　　　　　　　　事 后 处 置 影 响 变 量

核心变量类型	编号	子 变 量
管理因素	A7	抢险物资补充
	A8	灾后重建
	A9	民众补偿
自然因素	D3	最大降水强度
	D4	单次降水历时
	D5	最大积水深度
	D6	受灾面积
	D8	经济损失
	D9	人员伤亡

根据事后处置变量因素，建立事后处置子系统因果回路图，如图 3-4 所示。

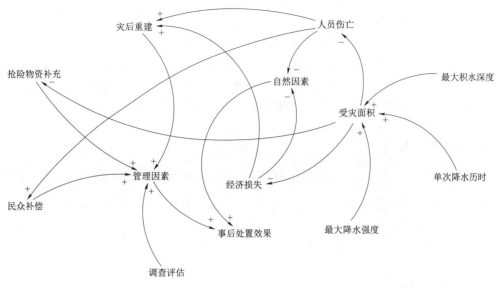

图 3-4 事后处置子系统因果回路图

对事后处置子系统因果回路图进行分析可知，事后处置主要对灾害事件进行评价和总结，对受灾地区进行灾后重建。事后处置子系统中变量关系为：最大积水深度（单次降水历时、最大降水深度）→受灾面积（＋）→经济损失（－）、人员伤亡（－）→灾后重建（＋）、民众补偿（＋）→管理因素（＋）→事后处置效果，其中，受灾面积受最大积水深度、单次降水历时和最大降水深度因素的影响，受灾面积越大经济损失和人员伤亡越多，经济损失和人员伤亡对灾后重建和灾后补偿有较为重要的影响，影响事后处置效果。

3.1.2 事件 SD 模型

对城市暴雨洪涝事件 3 个子系统的变量因素和绘制的因果回路图进行分析可知，所建立的系统动力学模型中"管理因素""技术因素""社会因素"和"自然因素"属于状态变量，其余变量作为城市暴雨洪涝事件系统动力学模型中的辅助变量和常量。"管理因素增量""技术因素增量""社会因素增量"和"自然因素增量"分别表示"管理因素""技术因素""社会因素"和"自然因素"的速率变量，是描述管理、技术、社会和自然风险与辅助变量相互关系的函数方程式。

在建立的城市暴雨洪涝事件系统动力学模型基础上分析不同变量系统动力学方程式和存量流量关系。基于系统动力学原理，根据上述建立的系统动力学变量集确定方程，不同变量关系如公式（3-1）所示。

$$MS = L1(t).L \times QZ1 + L2(t).L \times QZ2 + L3(t).L \times QZ3 + L4(t).L \times QZ4 \quad (3-1)$$

式中：MS 为城市暴雨洪涝灾害事件系统总水平；$L1(t).L$ 为管理因素；$L2(t).L$ 为技术因素；$L3(t).L$ 为社会因素；$L4(t).L$ 为自然因素；QZ 为各因素所对应的权重，$QZ1 + QZ2 + QZ3 + QZ4 = 1$。

各因素层级的水平与相关变量之间的关系为流速方程，如公式（3-2）所示。

$$Li(t).L = Li(t).T + (TS) \times Ri(t).L \tag{3-2}$$

式中：$Li(t).L$ 为各层级因素对应水平，$i=1$，2，3，4；$Li(t).T$ 为表示第 T 时刻该层级因素的变量水平；$Ri(t).L$ 为各层级因素对应增量；TS 为时间步长。

基于城市暴雨洪涝系统动力学模型的变量因素与因果回路图，结合城市暴雨洪涝事件应对实际情况，建立管理因素层级、技术因素层级、社会因素层级和自然因素层级的模型方程。

（1）管理因素层级：

$$L1(t).L = L1(t).T + (TS) \times R1(t).L \tag{3-3}$$

其中，$R1(t)=$ 应急模拟演练$\times QZ(A1)+$救援物资储备量$\times QZ(A2)+$救援响应时间$\times QZ(A3)+$防汛救援人员$\times QZ(A4)+$启动应急预案等级$\times QZ(A5)+$部门间有效的合作$\times QZ(A6)+$抢险物资补充$\times QZ(A7)+$灾后重建$\times QZ(A8)+$民众补偿$\times QZ(A9)$。

（2）技术因素层级：

$$L2(t).L = L2(t).T + (TS) \times R2(t).L \tag{3-4}$$

其中，$R2(t)=$监测数据$\times QZ(B1)+$预测预警$\times QZ(B2)+$技术资金投入$\times QZ(B3)+$应急决策方案$\times QZ(B4)$。

（3）社会因素层级：

$$L3(t).L = L3(t).T + (TS) \times R3(t).L \tag{3-5}$$

其中，$R3(t)=$宣传教育$\times QZ(C1)-$不透水面积$\times QZ(C2)+$区域经济发展水平$\times QZ(C3)+$基础设施建设水平$\times QZ(C4)+$植被覆盖$\times QZ(C5)+$医疗机构个数$\times QZ(C6)$。

（4）自然因素层级：

$$L4(t).L = L4(t).T + (TS) \times R4(t).L \tag{3-6}$$

其中，$R4(t)=$降水的随机性$\times QZ(D1)+$平均降水量$\times QZ(D2)+$最大降水强度$\times QZ(D3)+$单次降水历时$\times QZ(D4)+$最大积水深度$\times QZ(D5)+$受灾面积$\times QZ(D6)+$中心城积水断路个数$\times QZ(D7)-$经济损失$\times QZ(D8)-$人员伤亡$\times QZ(D9)$。

事前准备子系统、事中处理子系统和事后处置子系统内部各个变量因素之间相互影响、相互作用，形成城市暴雨洪涝灾害事件应急应对系统，该系统针对城市暴雨洪涝灾害事件，从事前、事中、事后全过程进行应急应对，使3个子系统间紧密关联，最终得到城市暴雨洪涝灾害事件因果回路图，如图3-5所示。

存量流量是系统动力学的核心概念，存量是累积量，表征系统的状态；流量使存量发生变化，流量是速率量，它表征存量变化的速率。存量的变化由流量引起。充分考虑相关数据的可获取性，选择主要影响因素作为存量流量图的基础，去除一些影响程度相对较低并且数据较难获取的变量因素，基于系统动力学绘制城市暴雨洪涝灾害事件应急应对系统的存量流量图，如图3-6所示。

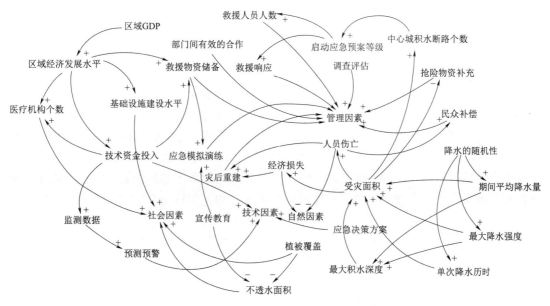

图 3-5　城市暴雨洪涝灾害事件因果回路图

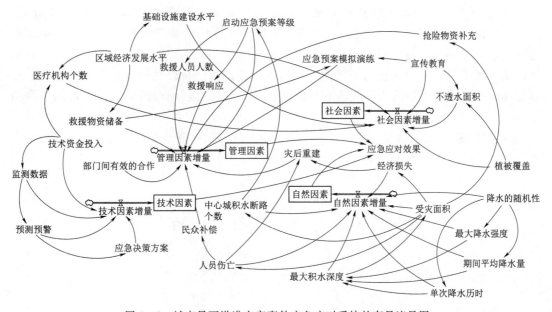

图 3-6　城市暴雨洪涝灾害事件应急应对系统的存量流量图

3.2　基于 PSR 模型和贝叶斯网络的事件描述

在构建城市暴雨洪涝事件系统动力学模型的基础上，基于熵理论和 PSR 模型设置城市暴雨洪涝时间多个情景，结合贝叶斯网络计算各个指标的条件概率，并通过不同的条件设定得到在固定事件节点情景下类似事件的情景概率。

3.2.1 事件过程描述

1. 基于熵理论的城市暴雨洪涝事件变化

熵起源于化学及热力学，是能量系统中的能量状态函数，通常用于描述计算系统中的失序现象。随着概念的拓展，熵被逐渐应用到不同学科领域中，熵值的大小代表系统的混乱程度，熵值越大，混乱程度越大[71]。在一个独立封闭的变化系统中，系统不断发展，熵值不断增加，当总熵达到独立系统的最高临界值时，系统处于即将崩溃的状态[72]。若在开放的复杂系统中，系统在不断发展的同时，伴随着环境的能量交换，系统的熵值会不断变化，环境状态也会不断改变，若熵值持续上涨，达到崩溃边缘，开放系统会通过一定的外界力量达到相对稳定的平衡状态。对于一个开放复杂系统的熵变化 dS 的定义应为系统内自行能量交换 d_iS 和环境之间的能量交换 d_eS 之和，即：

$$dS = d_iS + d_eS \qquad (3-7)$$

式中：dS 为开放系统的总熵变；d_iS 为系统内自行能量交换产生的熵；d_eS 为外界环境输入系统的外部熵。

根据耗散结构理论可知，通过能量交换能够使远离平衡的开放系统从无序转变为有序，最终形成一个稳定的动态系统。当 $d_eS>0$，且 $dS=d_iS+d_eS>0$ 时，表示系统从外界环境吸收正熵，且系统总熵增加，系统混乱度增加，系统退化；当 $d_eS<0$，且 $|d_eS|>d_iS$ 时，表示系统从外界吸收足够多的负熵，且系统总熵减小，系统进化；当 $d_eS<0$，且 $|d_eS|=d_iS$ 时，表示系统从外界吸收的负熵与系统内产生的正熵相抵消，系统总熵不变，处于平衡状态，相对稳定；当 $d_eS<0$，且 $|d_eS|<d_iS$ 时，表示系统从外界吸收的负熵无法与系统内产生的正熵相抵消，系统总熵增加，系统退化。可以看出，负熵因子是指可以使系统有序运转的能量，反之，增熵因子是指会破坏系统的能量。

城市暴雨洪涝事件演变过程与上述的熵理论、耗散结构理论有很大共性，可划分为事前、事中、事后 3 个主要阶段[73]，如图 3-7 所示。

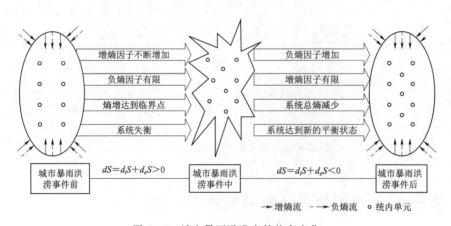

图 3-7 城市暴雨洪涝事件状态变化

由图 3-7 可知：城市暴雨洪涝事件发生前，系统内部增熵因子和负熵因子处于平衡，系统较为稳定。随着事件演变，增熵因子增加，如积涝增加、道路发生中断、应急管理不协调等，在负熵因子有限的情况下，$dS = d_iS + d_eS > 0$，系统失衡，灾害事件发生，整个系统变得不稳定。在事件发生过程中，系统处于应急应对状态，相关部门通过启动应急响应、联动会商、开展应急应对，促使事态减缓。通过采取适当的应对措施，负熵因子增多，增熵因子有限的情况下，灾害事件得到控制，总熵变小，$dS = d_iS + d_eS < 0$，系统恢复到正常状态。城市暴雨洪涝事件事前预防和事中的应急管理非常重要，需要在事件发生前和事件发生初始为系统增加更多负熵因子，采取有效措施，实现系统的稳定平衡，从而降低灾害损失。

2. 基于 PSR 模型的城市暴雨洪涝事件描述

PSR 模型由加拿大统计学家 David J Rapport 和 Tony Friend 于 20 世纪 80 年代提出，由经济合作与发展组织（OECD）与联合国环境规划署（UNEP）共同构建的生态环境可持续发展研究框架[74]。PSR 模型主要由压力、状态和响应 3 部分组成，自提出以来被应用到多个领域。

根据城市暴雨洪涝灾害产生和发展过程，从开始情景到结束情景之间存在着复杂的演化过程，该过程伴随着情景的蔓延、情景的衍生和情景的发展，受到多种压力、多种应急响应，其情景演变规律如图 3-8 所示。

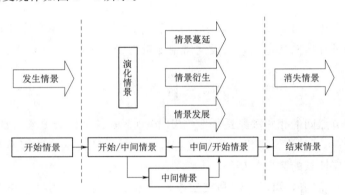

图 3-8　城市暴雨洪涝事件情景演变规律

根据 PSR 模型设置城市暴雨洪涝事件情景，PSR 模型每个阶段情景与熵态变化过程相似，系统内互相作用。系统熵的发展过程与 PSR 模型中"压力""状态""响应"相吻合，采用"压力 P""状态 S""响应 R" 3 类指标表示非常规突发事件的一个具体情景，分别为 P_m、S_n、R_i，见表 3-4。

表 3-4　　　　　　　　　　　情 景 知 识 说 明

一级指标	二级指标	说明
压力 $P_m = \{p_1, p_2, p_3, \cdots, p_m\}$	各类危险源	各类危险物质及约束危险的物理环境因素
状态 $S_n = \{s_1, s_2, s_3, \cdots, s_n\}$	事件情景本身状态	事件情景的危险等级、影响范围等破坏能力
	事件损失情况	人员、经济等受事件影响的程度
响应 $R_i = \{r_1, r_2, r_3, \cdots, r_i\}$	事件救援响应	为降低承灾体损失而采取的救援响应
	事件控制响应	为控制事件本身情景恶化而采取的响应措施

3. 基于贝叶斯网络的城市暴雨洪涝事件描述

英国数学家、数理统计学家和哲学家托马斯·贝叶斯（Thomas Bayes）将归纳推理方法应用到概率论中提出贝叶斯统计理论，贝叶斯网络（Bayesian network）是一种基于概率推理的图形化网络[75]。基于概率推理的贝叶斯网络是为了解决不完全或不确定问题而提出的，在多个领域中得到广泛应用。贝叶斯定理描述了先验概率与后验概率之间的关系，表示为

$$P(H=h \mid E=e) = \frac{P(H=h)P(E=e \mid H=h)}{P(E=e)} \qquad (3-8)$$

设 H 和 E 为两个随机变量，$H=h$ 为某一假设，$E=e$ 为一组证据，$P(H=h)$ 为先验概率，$P(H=h|E=e)$ 为后验概率。

采用有向图对贝叶斯网络的定义进行说明，如图 3-9 所示。其中，从节点 S_1 到节点 S_3 有一条有向边，称 S_1 为 S_3 的父节点，S_3 为 S_1 的子节点，一个节点的父节点和子节点称为它的邻居节点，没有父节点的 S_1 和 S_2 称为根节点，没有子节点的节点 S_4 称为叶节点。

贝叶斯网络是一个有向无圈图，其中的节点都是随机变量，每一个节点均有一个概率分布，根节点采用边缘分布 $P(S)$ 表示，非根节点采用条件概率分布 $P[S|P_a(X)]$ 表示，进一步给出贝叶斯网络定义，假设网络中变量为 $S_1, \cdots, S_n$，可得：

$$P(S_1, \cdots, S_n) = \prod_{i=1}^{n} P[S_i \mid P_a(X_i)] \qquad (3-9)$$

贝叶斯网络节点间的相关关系适用于 PSR 模型下的各个情景要素（压力 P、状态 S、响应 R），能够应用于城市暴雨洪涝事件全过程，通过贝叶斯网络能够对城市暴雨洪涝事件全过程构建相应情景的演变与推演。

根据 PSR 模型的情景知识表示和突发事件情景演变规律，明确网络节点变量是事件情景 $T_x = (P_m, S_n, R_i)$ 的各个子要素，将 $T_x = (P_m, S_n, R_i)$ 的各个子要素划分为压力变量、状态变量和响应变量，各变量下的指标节点构成了情景推演的贝叶斯网络节点，使贝叶斯网络在 PSR 模型下与突发事件演变融合。结合具体事件，确定事件的压力变量、状态变量和响应变量，如图 3-10 所示。通过确定节点之间的因果关系，确定贝叶斯网络结构模型及各个指标节点的条件概率。

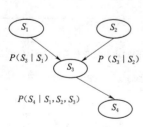

图 3-9　贝叶斯网络图

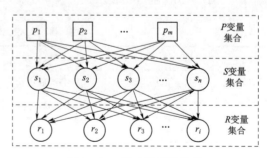

图 3-10　贝叶斯网络结构

综上所述，基于贝叶斯网络的城市暴雨洪涝事件构造过程，主要分为 3 个步骤：首先，确定城市暴雨洪涝事件随机问题的网络节点，明确事件情景下的各个要素，随后要确定各要素的变量取值；其次，确定节点的内容将变量按照顺序进行排列，建立节点间具有相互关系的有向无圈图；最后，根据建立的有向无圈图得到初始贝叶斯网络结构图，采用 Netica 软件计算指标节点条件概率，得到最终贝叶斯网络结构图。

3.2.2 事件演变分析

基于 PSR 模型对城市暴雨洪涝事件进行情景分析，首先对城市暴雨洪涝事件演变过程进行描述，采用熵理论分析突发事件在压力环境下系统变化过程，明确处理突发事件应急管理、应急响应的重要性。通过 PSR 模型较好的展示了事件响应过程的关键事件节点。基于贝叶斯网络自主学习获得各个参数指标的条件概率，并通过不同的条件设定可得到在固定事件节点情景下其他事件的情景概率，根据获得的情景概率可假设情景案例，为应急管理过程中做好情景案例分析奠定基础。

1. 确定网络节点

单次强降雨或者持续降雨过程，容易引发暴雨洪涝事件。选择积水深度、死亡人数、受灾人数、经济损失等指标作为判断应急管理部门进行应急响应的标准。通过筛选，最终确定指标见表 3-5。

表 3-5　　　　　　　　　　　指 标 汇 总 表

指 标 名 称	指 标 含 义
平均降水量/mm	单次降水的降水量
最大降水强度/（mm/h）	单位时间内的最大降水量
单次降水历时/h	单次降水的持续时间
积水深度/cm	受灾地区的最大积水深度
受灾面积/万亩（1 亩≈666.67m²）	因灾情造成的受灾区域面积
死亡人数/人	因灾情造成的死亡人口数目
经济损失/亿元	因灾情造成的经济损失
应急预案等级/级数	面对灾情采取的应急预案响应等级
医疗机构个数/个	依法设立的从事疾病诊断、治疗活动的卫生机构的个数
救援响应时间/min	灾情发生后应急响应的时长
救援人员人数/人	灾情发生后参与救援的人员人数
中心城积水断路个数/处	灾情发生后阻断交通正常通行的马路个数

根据 PSR 模型定义，将上述指标按照压力、状态、响应 3 部分进行分类与归纳。压力指标包括平均降水量 p_1、最大降水强度 p_2、单次降水历时 p_3；状态指标包括积水深度 s_1、受灾面积 s_2、中心城积水断路个数 s_3、死亡人数 s_4、经济损失 s_5；响应指标包括医疗机构个数 r_1、救援人员人数 r_2、救援响应时间 r_3、应急预案等级 r_4，如图 3-11 所示。

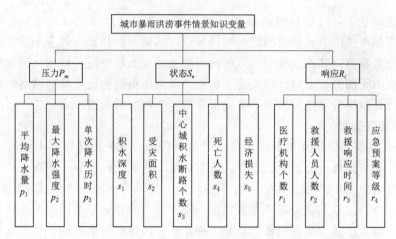

图 3-11 城市暴雨洪涝事件情景知识变量集合

实验案例的数据来源于某城市 7 次典型暴雨洪涝事件，案例数据见表 3-6。

表 3-6   案 例 数 据

指　　　标	实　验　案　例						
	1	2	3	4	5	6	7
平均降水量/mm	36.7	213.5	170	92	29.3	103.1	35.2
最大降水强度/（mm/h）	111.9	56.8	100.3	43.4	94.7	117	40.3
单次降水历时/h	21	55	20	66	10	58	17
积水深度/cm	30	110	200	50	60	140	20
受灾面积/万亩	337	260	2400	250	300	240	230
中心城积水断路个数/处	29	17	63	47	8	35	4
死亡人数/人	0	0	79	0	1	0	0
经济损失/亿元	12	21	116	15	39	10	5
医疗机构个数/个	9976	9773	9632	9976	9771	11100	11200
救援人员人数/人	2626	7177	20000	4000	1724	3173	5400
救援响应时间/min	10	10	30	10	16	10	5
应急预案等级/级数	3	2	2	3	3	4	4

对确定的上述变量，进行合适的取值范围判定[76]，见表 3-7。

由于暴雨洪涝事件的特殊性，收集到的事件主要为特大暴雨，洪涝事件往往伴随较大降水和较多救援人员等信息。典型极端降雨的降雨量可能是全年降雨的 1/4～1/3，故节点的取值范围主要根据预案中的划分标准、收集的典型降雨各指标的明显断点以及等间距分级进行取值划分。

2. PSR 模型求解

Netica 软件由 NORSYS software corp 出品，广泛应用于各行业的贝叶斯网络分析软件。通过 Netica 软件实现贝叶斯网络的学习与情景分析，根据 PSR 模型绘制参数节点网络图，如图 3-12 所示。

表 3 – 7   城市暴雨洪涝事件情景知识节点变量取值

层级	节点变量	取值范围	量化分值
压力	平均降水量 p_1	较多	>90（单位：mm）
		较少	<90（单位：mm）
	最大降水强度 p_2	0～50/50～∞（单位：mm/h）	
	单次降水历时 p_3	0～20/20～50/50～∞（单位：h）	
状态	积水深度 s_1	0～20/20～40/40～60/60～∞（单位：cm）	
	受灾面积 s_2	0～300/300～500/500～∞（单位：万亩）	
	中心城积水断路个数 s_3	较多	>20（单位：处）
		较少	<20（单位：处）
	死亡人数 s_4	0～3/3～∞（单位：人）	
	经济损失 s_5	0～10/10～50/50～∞（单位：亿元）	
响应	医疗机构个数 r_1	较多	>10000（单位：个）
		较少	<10000（单位：个）
	救援人员人数 r_2	较多	>5000（单位：人）
		较少	<5000（单位：人）
	救援响应时间 r_3	响应较快	>15（单位：min）
		响应较慢	<15（单位：min）
	应急预案等级 r_4	一般防汛突发事件/较大防汛突发事件/重大突发事件/特别重大防汛突发事件	Ⅳ级/Ⅲ级/Ⅱ级/Ⅰ级

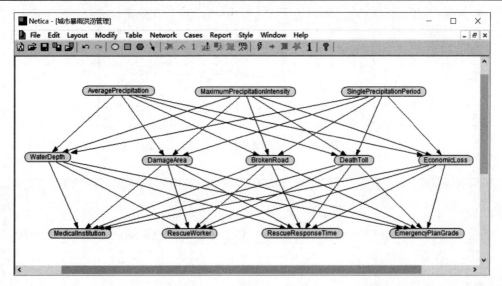

图 3-12　参数节点网络图

　　每一个节点存在不同属性，例如平均降雨量是连续的变量，因此需要采用连续型变量并进行属性划分，应急预案则是根据不同的需求进行一级、二级、三级、四级的等级划分，这类变量是离散的。根据变量的属性分别划分为连续型和离散型，在软件中对节点类型进行设置。节点设计完成后，导入典型案例，通过 Netica 软件的自主学习功能获得各个节点之间的初始概率。具体各节点条件概率图如图 3-13～图 3-18 所示。

0 to 90	90 to 1000
42.859	57.141

0 to 50	50 to 1000
28.578	71.422

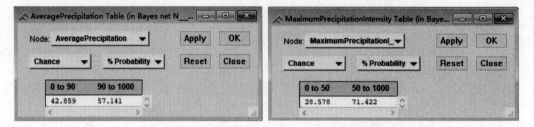

图 3-13　平均降水量和最大降水强度节点条件概率

0 to 20	20 to 50	50 to 1000
28.573	28.573	42.853

Average...	Maximu...	SinglePr...	0 to 20	20 to 40	40 to 60	60 to 1000
0 to 90	0 to 50	0 to 20	0.0996	99.701	0.0996	0.0996
0 to 90	0 to 50	20 to 50	25	25	25	25
0 to 90	0 to 50	50 to 1000	25	25	25	25
0 to 90	50 to 1000	0 to 20	0.0996	0.0996	0.0996	99.701
0 to 90	50 to 1000	20 to 50	0.0996	99.701	0.0996	0.0996
0 to 90	50 to 1000	50 to 1000	25	25	25	25
90 to 1000	0 to 50	0 to 20	25	25	25	25
90 to 1000	0 to 50	20 to 50	25	25	25	25
90 to 1000	0 to 50	50 to 1000	0.0996	0.0996	99.701	0.0996
90 to 1000	50 to 1000	0 to 20	25	25	25	25
90 to 1000	50 to 1000	20 to 50	0.0996	0.0996	0.0996	99.701
90 to 1000	50 to 1000	50 to 1000	0.0499	0.0499	0.0499	99.85

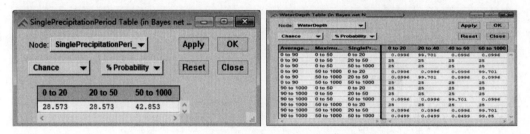

图 3-14　单次降水历时和积水深度节点条件概率

AveragePre...	MaximumPr...	SinglePreci...	0 to 300	300 to 500	500 to 10000
0 to 90	0 to 50	0 to 20	99.801	0.0997	0.0997
0 to 90	0 to 50	20 to 50	33.333	33.333	33.333
0 to 90	0 to 50	50 to 1000	33.333	33.333	33.333
0 to 90	50 to 1000	0 to 20	0.0997	99.801	0.0997
0 to 90	50 to 1000	20 to 50	0.0997	99.801	0.0997
0 to 90	50 to 1000	50 to 1000	33.333	33.333	33.333
90 to 1000	0 to 50	0 to 20	33.333	33.333	33.333
90 to 1000	0 to 50	20 to 50	33.333	33.333	33.333
90 to 1000	0 to 50	50 to 1000	99.801	0.0997	0.0997
90 to 1000	50 to 1000	0 to 20	33.333	33.333	33.333
90 to 1000	50 to 1000	20 to 50	0.0997	0.0997	99.801
90 to 1000	50 to 1000	50 to 1000	99.9	0.0499	0.0499

AverageP...	Maximu...	SinglePr...	0 to 20	20 to 100
0 to 90	0 to 50	0 to 20	99.9	0.0998
0 to 90	0 to 50	20 to 50	50	50
0 to 90	0 to 50	50 to 1000	50	50
0 to 90	50 to 1000	0 to 20	99.9	0.0998
0 to 90	50 to 1000	20 to 50	0.0998	99.9
0 to 90	50 to 1000	50 to 1000	50	50
90 to 1000	0 to 50	0 to 20	50	50
90 to 1000	0 to 50	20 to 50	50	50
90 to 1000	0 to 50	50 to 1000	0.0998	99.9
90 to 1000	50 to 1000	0 to 20	50	50
90 to 1000	50 to 1000	20 to 50	0.0998	99.9
90 to 1000	50 to 1000	50 to 1000	50	50

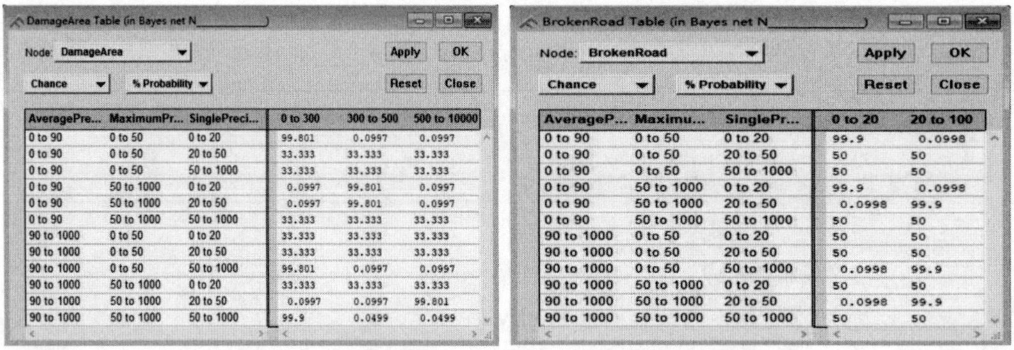

图 3-15　受灾面积和中心城积水断路个数节点条件概率

Average...	Maximu...	SinglePr...	0 to 3	3 to 100
0 to 90	0 to 50	0 to 20	99.9	0.0998
0 to 90	0 to 50	20 to 50	50	50
0 to 90	0 to 50	50 to 1000	50	50
0 to 90	50 to 1000	0 to 20	99.9	0.0998
0 to 90	50 to 1000	20 to 50	99.9	0.0998
0 to 90	50 to 1000	50 to 1000	50	50
90 to 1000	0 to 50	0 to 20	50	50
90 to 1000	0 to 50	20 to 50	50	50
90 to 1000	0 to 50	50 to 1000	99.9	0.0998
90 to 1000	50 to 1000	0 to 20	50	50
90 to 1000	50 to 1000	20 to 50	0.0998	99.9
90 to 1000	50 to 1000	50 to 1000	99.95	0.05

Average...	Maximu...	SinglePr...	0 to 10	10 to 50	50 to 1000
0 to 90	0 to 50	0 to 20	99.801	0.0997	0.0997
0 to 90	0 to 50	20 to 50	33.333	33.333	33.333
0 to 90	0 to 50	50 to 1000	33.333	33.333	33.333
0 to 90	50 to 1000	0 to 20	0.0997	99.801	0.0997
0 to 90	50 to 1000	20 to 50	0.0997	99.801	0.0997
0 to 90	50 to 1000	50 to 1000	33.333	33.333	33.333
90 to 1000	0 to 50	0 to 20	33.333	33.333	33.333
90 to 1000	0 to 50	20 to 50	33.333	33.333	33.333
90 to 1000	0 to 50	50 to 1000	0.0997	99.801	0.0997
90 to 1000	50 to 1000	0 to 20	33.333	33.333	33.333
90 to 1000	50 to 1000	20 to 50	0.0997	0.0997	99.801
90 to 1000	50 to 1000	50 to 1000	0.0499	99.9	0.0499

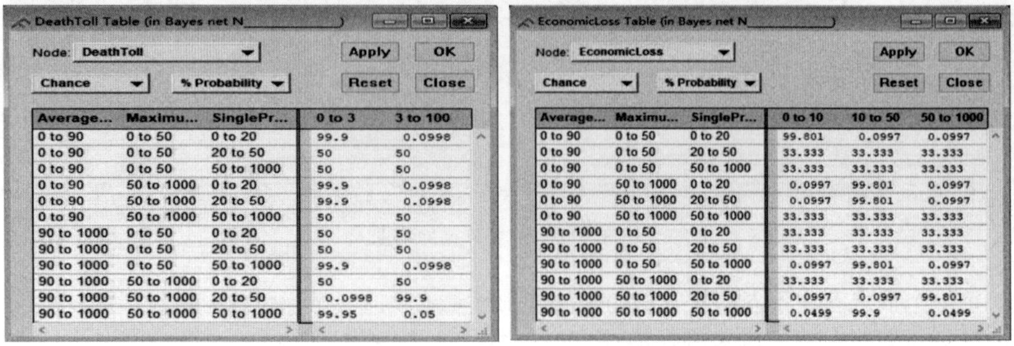

图 3-16　死亡人数和经济损失节点条件概率

MedicalInstitution Table (in Bayes net N_____)						
Node: MedicalInstitution ▼					Apply	OK
Chance ▼	% Probability ▼				Reset	Close
WaterDepth	DamageArea	DeathToll	BrokenRoad	EconomicLoss	0 to 10000	10000 to 20...
0 to 20	0 to 300	0 to 3	0 to 20	10 to 50	50	50
0 to 20	0 to 300	0 to 3	0 to 20	50 to 1000	50	50
0 to 20	0 to 300	0 to 3	20 to 100	0 to 10	50	50
0 to 20	0 to 300	0 to 3	20 to 100	10 to 50	50	50
0 to 20	0 to 300	0 to 3	20 to 100	50 to 1000	50	50
0 to 20	0 to 300	3 to 100	0 to 20	10 to 50	50	50
0 to 20	0 to 300	3 to 100	0 to 20	50 to 1000	50	50
0 to 20	0 to 300	3 to 100	20 to 100	0 to 10	50	50
0 to 20	0 to 300	3 to 100	20 to 100	10 to 50	50	50
0 to 20	0 to 300	3 to 100	20 to 100	50 to 1000	50	50
0 to 20	300 to 500	0 to 3	0 to 20	0 to 10	50	50

RescueWorker Table (in Bayes net N_____)						
Node: RescueWorker ▼					Apply	OK
Chance ▼	% Probability ▼				Reset	Close
WaterDepth	DamageArea	DeathToll	BrokenRoad	Economic...	0 to 5000	5000 to 1e5
0 to 20	0 to 300	0 to 3	0 to 20	10 to 50	50	50
0 to 20	0 to 300	0 to 3	0 to 20	50 to 1000	50	50
0 to 20	0 to 300	0 to 3	20 to 100	0 to 10	50	50
0 to 20	0 to 300	0 to 3	20 to 100	10 to 50	50	50
0 to 20	0 to 300	0 to 3	20 to 100	50 to 1000	50	50
0 to 20	0 to 300	3 to 100	0 to 20	10 to 50	50	50
0 to 20	0 to 300	3 to 100	0 to 20	50 to 1000	50	50
0 to 20	0 to 300	3 to 100	20 to 100	0 to 10	50	50
0 to 20	0 to 300	3 to 100	20 to 100	10 to 50	50	50
0 to 20	0 to 300	3 to 100	20 to 100	50 to 1000	50	50
0 to 20	300 to 500	0 to 3	0 to 10		50	50

图 3-17 医疗机构和救援人员节点条件概率

RescueResponseTime Table (in Bayes net N_____)						
Node: RescueResponseTime ▼					Apply	OK
Chance ▼	% Probability ▼				Reset	Close
WaterDepth	DamageArea	DeathToll	BrokenRoad	EconomicLoss	0 to 15	15 to 100
0 to 20	0 to 300	0 to 3	0 to 20	0 to 10	50	50
0 to 20	0 to 300	0 to 3	0 to 20	10 to 50	50	50
0 to 20	0 to 300	0 to 3	0 to 20	50 to 1000	50	50
0 to 20	0 to 300	0 to 3	20 to 100	10 to 50	50	50
0 to 20	0 to 300	0 to 3	20 to 100	50 to 1000	50	50
0 to 20	0 to 300	3 to 100	0 to 20	10 to 50	50	50
0 to 20	0 to 300	3 to 100	0 to 20	50 to 1000	50	50
0 to 20	0 to 300	3 to 100	0 to 20	10 to 50	50	50
0 to 20	0 to 300	3 to 100	20 to 100	50 to 1000	50	50
0 to 20	300 to 500	0 to 3	0 to 20	10 to 50	50	50

EmergencyPlanGrade Table (in Bayes net N_____)							
Node: EmergencyPlanGrade ▼					Apply		OK
Chance ▼	% Probability ▼				Reset		Close
WaterDe...	Damage...	DeathToll	BrokenR...	one	two	three	four
0 to 20	0 to 300	0 to 3	0 to 20	25	25	25	25
0 to 20	0 to 300	0 to 3	0 to 20	25	25	25	25
0 to 20	0 to 300	0 to 3	20 to 100	25	25	25	25
0 to 20	0 to 300	0 to 3	20 to 100	25	25	25	25
0 to 20	0 to 300	3 to 100	0 to 20	25	25	25	25
0 to 20	0 to 300	3 to 100	0 to 20	25	25	25	25
0 to 20	0 to 300	3 to 100	20 to 100	25	25	25	25
0 to 20	0 to 300	3 to 100	20 to 100	25	25	25	25
0 to 20	300 to 500	0 to 3	0 to 20	25	25	25	25

图 3-18 救援响应时间和应急预案等级节点条件概率

　　通过节点条件概率可以获得节点的联合条件概率，从而得到正常状态下城市暴雨洪涝贝叶斯网络图，如图 3-19 所示。由图 3-19 可知：正常状态下，城市暴雨洪涝平均降雨量的最大条件概率处于指标变量的较大范围，最大降水强度的最大条件概率处于指标变量的较大范围，单次降水历时的最大条件概率处于指标变量的最大范围，积水深度的最大条件概率处于指标变量的最大范围，受灾面积的最大条件概率处于指标变量的最小范围，中心城积水断路个数的最大条件概率处于指标变量的较多范围，死亡人数的最大条件概率处于指标变量的最少范围，经济损失的最大条件概率处于指标变量的中间范围，医疗机构个数的最大条件概率处于指标变量的较少范围，救援人员人数的最大条件概率处于指标变量的较少范围，救援响应时间的最大条件概率处于指标变量的较快范围，应急预案等级的最大条件概率处于指标变量的三级。

　　根据正常状态下城市暴雨洪涝贝叶斯网络图，可知各个节点的条件概率。进一步分析可知，在面对城市暴雨洪涝事件时还需配备更多的应急人员与医疗机构，应急响应速度还有待提高。只有通过国家的重视和面对灾情快速的应急应对，才能保证灾情更小程度影响公民的正常生活。

　　3. PSR 模型结果分析

　　获得正常状态下城市暴雨洪涝贝叶斯节点条件概率后，可以根据不同需求设定不同的情景，从而获得节点在规定情景下的概率分布，从而确定应急的重要工作或亟须完善的重要措施。以压力极端状态下城市暴雨洪涝各个节点的贝叶斯网络、事件极端状态下城市暴

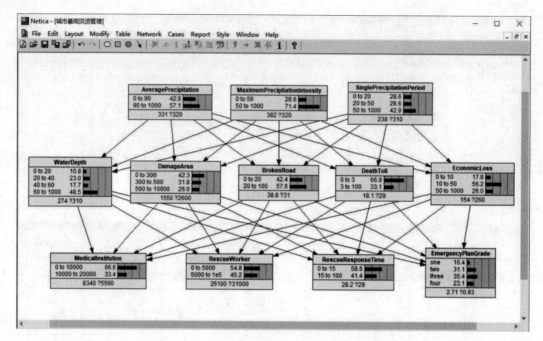

图 3-19　正常状态下城市暴雨洪涝贝叶斯网络图

雨洪涝各个节点的贝叶斯网络以及积水深度极端状态下城市暴雨洪涝贝叶斯网络图为例进行分析。

　　压力极端状态下城市暴雨洪涝贝叶斯网络图如图 3-20 所示。由图 3-20 可知：该情

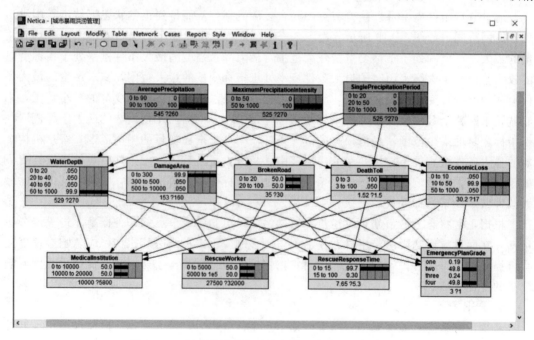

图 3-20　压力极端状态下城市暴雨洪涝贝叶斯网络图

景平均降雨量、最大降水强度和单次降水历时的指标变量均处在最大范围的情况，这种情景下会形成较大的暴雨洪涝事件，使得积水深度、受灾面积、中心城积水断路个数、死亡人数和经济损失的条件概率相对于正常状态下发生较大变化。

事件极端状态下城市暴雨洪涝贝叶斯网络图如图 3-21 所示。由图 3-21 可知：该情景积水深度、受灾面积、中心城积水断路个数、死亡人数和经济损失的指标变量均处在最大范围的情况时，平均降雨量和最大降水强度处于事件严重的状态下，单次降水历时位于中间范围，医疗机构个数处于较少的条件概率和救援人员人数处于较多的条件概率明显变大，救援响应时间处于较多的条件概率也明显变大，应急预案等级处于二级的概率也增大。突发暴雨洪涝事件严重的状态，通常会启动二级响应，并注重投入较多的救援人员，但医疗机构个数和应急响应时间还有待提高。

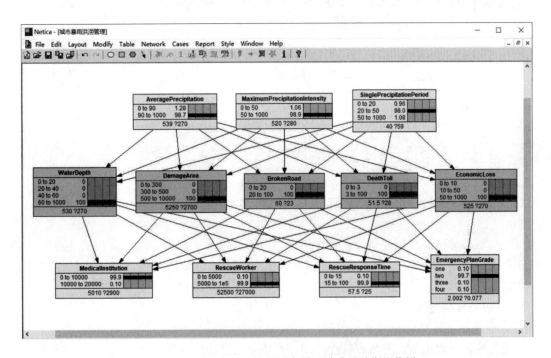

图 3-21 事件极端状态下城市暴雨洪涝贝叶斯网络图

图 3-22 为积水深度极端状态的情景，选定情景后会获得其他参数节点的边缘概率，可以得知当前的响应方案。由图 3-22 可得，设定 60cm 以上的积水深度为特殊情景，平均降雨量、最大降水强度和单次降水历时处于最大范围，积水深度影响受灾面积、中心城积水断路个数、死亡人数和经济损失的指标变量均发生改变。由此可知：在面对该情景下，通常会启动二级响应，且医疗机构个数和应急响应时间有待提高。

除以上列举的 3 种情况以外，其他情景都可以根据不同需要对网络图进行调整，若在一场事件结束后，也可以将新的案例指标汇总起来，为已有的状态添加新的状态，通过贝叶斯网络的自我学习，重新绘制新的贝叶斯网络图，节点的条件概率随着事件不断增多，情景分析结果的准确率将更高。

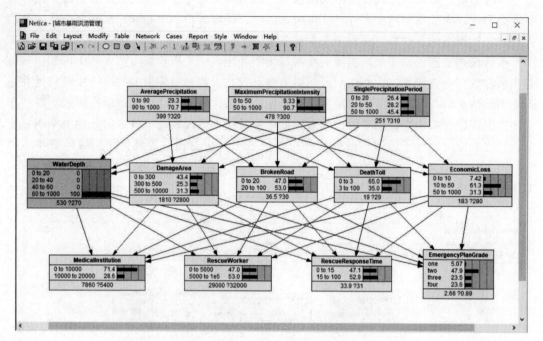

图 3 - 22　积水深度极端状态下城市暴雨洪涝贝叶斯网络图

3.3　基于 CBR 方法的城市暴雨洪涝事件推理

在对城市暴雨洪涝事件全过程系统描述与分析的基础上，将传统文本预案进行数字化处理和流程化描述，采用 CBR 方法计算城市暴雨洪涝事件间的相似度，筛选目标案例的参考案例，结合实际发生的事件特征对相似案例的应急预案进行重用或修正。

3.3.1　应急预案管理

1. 应急预案模型

采用综合集成思想，将知识管理应用到城市暴雨洪涝应急预案管理过程中，建立基于情景重构的城市暴雨洪涝应急预案模型，对应急预案管理过程中涉及的知识进行系统化的梳理、整合、共享、应用，采用图的方式将知识进行关联，通过研讨和学习，实现应急事件知识整合、动态调整与持续改进，提升城市暴雨洪涝应急管理能力。采用情景分析和综合集成方法，针对城市暴雨洪涝特征，提出城市暴雨洪涝应急预案模型，如图 3 - 23 所示，模型结构包括：

（1）预案数字化处理。在国家制定的标准化预案模板基础上以城市暴雨洪涝为情景主题，收集与之相关的历史数据，实时监测数据，对数据进行预处理以形成构建城市暴雨洪涝预案的初始数据，通过数字化处理形成数字预案。

（2）预案组件化开发。将构建预案的所有数据、信息、模型与方法视为组件，对预案进行组件化开发，使得数字预案形成松散耦合的结构，并将开发的组件存储到组件库中，用于同类预案的构建。

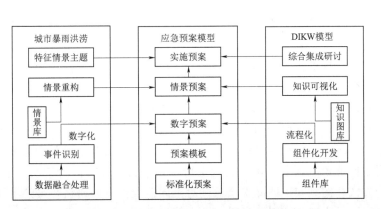

图 3-23 城市暴雨洪涝应急预案模型

（3）预案情景重构。根据城市暴雨洪涝特征从历史情景库中选择相似的情景进行重构，在最短时间内重构出与当前事件最为相近的应对预案，采用知识可视化方式对其进行组件化开发，形成不同情景组合下的暴雨洪涝情景预案。

（4）情景预案评价。根据暴雨洪涝特征将历史情景应对策略融入情景预案中，对情景预案进行综合集成研讨，从数据、信息到知识和智慧，定性研讨与定量分析相结合，对情景预案进行修正和优化，循环执行直到生成最优方案，作为城市暴雨洪涝应急应对方案。城市暴雨洪涝特征情景主题和应对方案分别存入到情景集和方案库中，为城市暴雨洪涝相似事件的情景重构和应急预案的快速组织奠定基础。

2. 应急预案处置

对城市暴雨洪涝应急预案进行数字化处理、流程化描述和知识化管理，实现应急预案的可操作、可视化、可量化，提高城市暴雨洪涝应急预案管理效率和效能。处理流程如下：

（1）应急预案的数字化处理。将城市暴雨洪涝事件数据分级处理，对组织机构和职责、监测预警、应急响应和应急资源等信息进行数字化处理，建立数字化预案，采用组件方式开发相对独立和关联的程序模块，通过 Web Service 进行封装，实现程序模块的可重用。

（2）分析应急预案流程，绘制应急预案流程图。根据城市暴雨洪涝事件特征与演化过程，将数字化预案进行流程化描述，将信息接收、信息传达、预案启动、预警级别判断、响应级别确定等视为关键节点，不同节点间的信息流向用箭线进行关联，绘制应急预案流程图，采用知识管理方法开发可自动分析执行和动态修正的预案流程模块。

（3）实现信息资源和流程图的关联。将事件基础信息、演化信息、应急资源、预测预警和监测监控等信息资源与暴雨洪涝预案结构要素模块、暴雨洪涝预案流程图程序模块进行关联，形成和事件实际情况较为吻合的城市暴雨洪涝应急预案。

（4）开发应急预案管理平台。综合集成同类暴雨洪涝事件的典型案例和应急知识，开发城市暴雨洪涝应急预案知识库和案例库，根据城市暴雨洪涝事件演化过程制定应急策略和处置方案的推理规则，对应急响应过程中关键节点应急处置方案进行分析和评估。

对城市暴雨洪涝应急预案进行流程化描述，如图3-24所示。按照流程组织数据、信息、模型和方法，形成具有组件化、可视化、流程化、松散耦合等特征的暴雨洪涝应急应对流程。采用知识管理的理论和方法，通过知识图关联与城市暴雨洪涝应急管理相关信息，对与城市暴雨洪涝应急应对相关的信息、模型与方法进行组织管理，通过对情景主题和数据之间关系的描述形成信息，结合历史情景应对预案，在知识层和决策过程中形成不同情景下的应对方案，根据预警信息确定是否进入到响应状态，针对不同的城市暴雨洪涝级别确定应急响应级别，启动相应级别的应急响应。基于综合集成平台可视化环境，应急管理主体根据不同情景主题个性化定制若干情景预案，形成不同情景组合下的情景预案，并以知识图的方式存储到知识图库中，通过对不同情景预案的研讨，最终形成特定情景主题下的应对方案，供决策者针对特定暴雨洪涝等级进行快速响应，制定城市防洪减灾防御方案，最大限度降低洪灾损失。

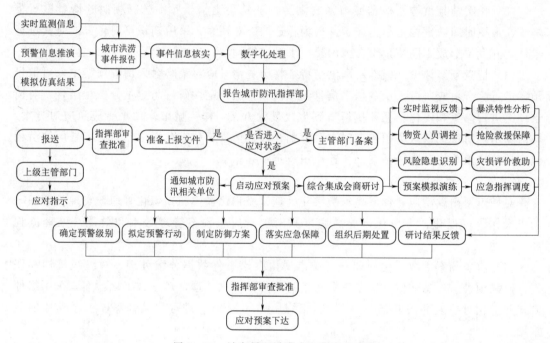

图3-24　城市暴雨洪涝应急预案流程化

3. 应急预案研讨

通过建立预警信息与人防、物防、技防相结合的城市暴雨洪涝应急预案管理体系，提升强降雨天气下汛情、险情与灾情的快速响应及应对能力，最大限度避免或减少城市暴雨洪涝灾害损失。结合暴雨洪涝预警信息，将城市暴雨洪涝应急预案进行数字化描述和流程图绘制，建立组件化应急预案，通过综合集成研讨，优化城市暴雨洪涝应对策略与后期处置方案，多部门联动最大限度减轻灾害损失。采用综合集成方法组织与城市暴雨洪涝相关的数据资料、模型库和方法库等，基于综合集成平台搭建流程化且易于会商和调整反馈的组件化应急预案，为城市暴雨洪涝快速响应和科学应对提供决策支持。按照预案流程组织数据、模型和方法，形成可视化效果，建立具有组件化、可视化、松散耦合等特征的知识图。基于知识图建立流程化情景预案开展综合集成会商研讨，从数据、信息到知识和智慧，定性研讨与定量分析相结合，通过会商研讨对城市暴雨洪涝事件应对进行充分论证，对情景预案进行修正和优化，生成最优应对预案。研讨过程如图 3-25 所示。

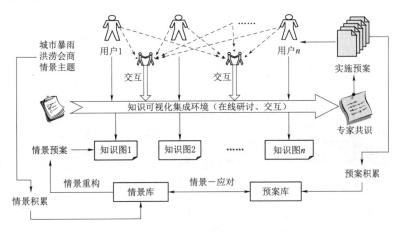

图 3-25 城市暴雨洪涝应急预案研讨

（1）由应急管理会商研讨发起人（例如，城市防汛办主任）确定会商研讨情景主题，并将该情景主题下的情景预案进行知识可视化描述，专家根据以往应对经验和实际情景，在知识图上添加或修改事先建立的数据资源和模型方法等。

（2）围绕情景主题，专家结合自身对城市暴雨洪涝应对的理解与经验，将个人知识转化为知识图可以表达的模型和方法组件，建立模型、方法与情景主题之间的连接，用以描述专家的思维和应用的组织流程。

（3）会商研讨过程中，各专家在提出各自对不同情景组合下情景预案观点的同时与其他专家进行会商研讨，对情景预案进行优化。

（4）根据专家对特定情景主题的研讨意见，对情景预案进行修改，并确定该情景主题最优应对预案。通过在线会商研讨与交互，获得城市暴雨洪涝的实施预案，支撑城市暴雨洪涝的快速应对。

3.3.2 案例推理方法

案例推理（Case-based Reasoning，CBR）是人工智能领域一种重要的基于知识的问题求解和学习方法，采用机器学习方法对相似案例进行重用或者修改达到解决新问题的目的[77]。CBR 方法类似于人类的思维和处理问题模式，通过对比新发生的事件与历史事件的特征，分析事件之间相似程度，选择某一或某几个事件预案作为本次预案的参考，并通过动态滚动修正，为所发生的城市暴雨洪涝事件提供解决方法[78-79]。CBR 的推理过程如图 3-26 所示，通过检索、重用、修正和保存 4 个步骤实现预案辅助决策功能。

根据案例推理方法实现应急预案的辅助决策，实现相似城市暴雨洪涝事件的应急应对[80]。CBR 主要流程如图 3-27 所示。

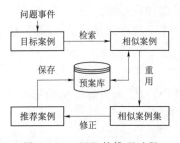

图 3-26 CBR 的推理过程

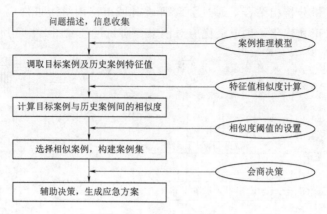

图 3-27　CBR 主要流程

　　针对城市暴雨洪涝事件的应急响应，为方便描述各个案例及案例特征值，目标案例用 T 进行表示，n 个历史案例表示为 $H=\{H_1，H_2，H_3，\cdots，H_n\}$，其中，$n\in(1，+\infty)$ 且 $n\in N$；目标案例 T 的问题特征记为 $P=\{P_1，P_2，P_3，\cdots，P_m\}$；历史案例 H 的问题特征记为 $C=\{C_1，C_2，C_3，\cdots，C_m\}$；$W=\{w_1，w_2，w_3，\cdots，w_m\}$ 表示突发案例中不同问题特征所代表的权重，其中 $w_m\geqslant0$ 且权重之和为 1。对于目标案例 T 和历史案例 H 问题特征的特征值使用 P_k 和 H_k 进行表示，其中 $k=\{1，2，3，\cdots，m\}$。

　　根据已收集案例的实际情况可知，案例的基本信息包括文本型和数字型信息。文本型信息包括符号型和字符型，符号型信息计算前需要先将其转化为数字型信息，例如，应急预案中对突发事件的紧急程度、危害程度的等级划分，将符号型问题特征"预警等级"分为四级，分别用红色（Ⅰ级）、橙色（Ⅱ级）、黄色（Ⅲ级）、蓝色（Ⅳ级）表示，以及描述效果型的文本型信息，可以采用"很好""好""一般""差""很差"进行表示，并根据等级划分标准进行计算。

　　基于 CBR 的案例筛选可以划分为 3 个过程，分别为计算历史案例与目标案例各类问题特征的相似度、计算案例之间的相似度、组成相似预案集并生成预案。

　　1. 计算历史案例与目标案例各类问题特征的相似度

　　采用最近邻法计算目标案例 T 和历史案例 H 之间的相似度，求出目标案例 T 和历史案例 H 之间各类问题 C_k 的相似度 $Sim_k(T_k，H_k)$。将各类问题 C_k 分为计算文本型信息和数字型信息，进而计算 $Sim_k(T_k，H_k)$ 的值。根据应急事件的情况，将文本型信息分为字符型和符号型。

　　字符型问题特征计算公式为

$$Sim_k(T_k，H_k)=\begin{cases}1，P_k=C_k\\0，P_k\neq C_k\end{cases}，k\in m \qquad (3-10)$$

式中：P_k 为目标案例的第 k 个问题的字符型信息；C_k 为历史案例的第 k 个问题的字符型信息。

　　符号型问题特征需要根据情况，将其转化为数字型信息再进行计算。其中，等级信息按照自身的等级记录等级数字，进行计算。根据专家或案例记录的实施情况分为"很好""好""一般""差""很差"，将其分为"1""0.75""0.5""0.25""0"进行数字转化后进行计算。

数字型问题特征计算公式为

$$Sim_k(T_k,H_k)=1-\frac{|C_k-P_k|}{D_{\max}-D_{\min}} \quad k\in m \tag{3-11}$$

式中：P_k 为目标案例的第 k 个问题的信息；C_k 为历史案例的第 k 个问题的信息；$D_{\max}$ 为目标案例 T 和历史案例 H 的第 k 个问题全集的最大值；$D_{\min}$ 为最小值。

2. 计算案例之间的相似度

通过相似度 $Sim_k(T_k,H_k)$ 与各类问题 C_k 之间的权重 w_k 的乘积，求出总体的相似度。

$$Sim(T,H)=\sum_{k\in m}w_k\times Sim_k(T_k,H_k) \tag{3-12}$$

其中，$Sim(T,H)\in[0,1]$，$Sim(T,H)$ 求出的结果越大，表示目标案例 T 和历史案例 H 之间的相似度越高，当发生城市暴雨洪涝事件时，相似度高的历史案例的应急预案更具有参考价值。

3. 筛选相似预案并生成应对方案

根据计算得到不同案例间的相似度，选择相似度最高的案例作为新发生事件的参考案例，结合新发生的事件特征对参考案例进行修正或重用，制定适用于新发生事件的应对方案。

3.3.3 案例推理实例

1. 指标权重计算

案例推理之前需要对事件的各个指标进行权重分配，由于各个指标之间存在着量纲不统一的情况，无法直接进行叠加、比较，为了保证评估结果的准确性和可靠性，需要对数据进行标准化处理。假设给定 k 个指标 $X_1,X_2,\cdots,X_k$，对各指标数据标准化的值为 Y_1，$Y_2,\cdots,Y_k$。

正向指标指数值越高风险越高，当指标为正向指标时，利用公式（3-13）进行标准化处理。

$$Y_{ij}=\frac{x_{ij}-x_{\min}}{x_{\max}-x_{\min}} \tag{3-13}$$

负向指标指数值越高风险越小，当指标为负向指标时，利用公式（3-14）进行标准化处理。

$$Y_{ij}=\frac{x_{\max}-x_{ij}}{x_{\max}-x_{\min}} \tag{3-14}$$

式中，x_{ij} 为第 i 个案例第 j 个评估指标的原始数值；$x_{\min}$、$x_{\max}$ 分别为评估指标的最小值和最大值；Y_{ij} 为标准化处理结果。

对参数指标的数据进行标准化处理，其中医疗机构个数和救援人员人数为负向指标，平均降水量、最大降水强度、最大单次降水历时、积水深度、受灾面积、死亡人数、中心城积水断路、经济损失、救援响应时间、应急预案等级为正向指标。

标准化后通过熵权法进行权重确定。熵权法指的是根据熵的特性，通过熵的大小判断评估指标的无序程度或离散程度，熵权能够反映出评价对象在某个指标值的差值，熵越小，熵权越大，指标差异越大，则该指标包含的信息量越有效，所占的权重越大；反之，熵越大，熵权越小，表明该指标未提供有用的评价信息。根据熵的定义，可得到一组数据的信息熵，如公式（3-15）。

$$E_j = -k \sum_{i=1}^{m} f_{ij} \ln f_{ij} \quad (i=1,2,3,\cdots,n; j=1,2,3,\cdots,n) \quad (3-15)$$

式中：$f_{ij} = \dfrac{Y_{ij}}{\sum\limits_{i=1}^{m} Y_{ij}}$；$k = \dfrac{1}{\ln m}$；$m$ 为评估对象个数；n 为被评估对象的评价指标个数。当 $f_{ij}=0$ 时，定义 $f_{ij}\ln f_{ij}=0$。

确定指标的熵值后，根据公式（3-16）计算指标的熵权 w_i。

$$w_i = \dfrac{1-E_j}{n - \sum\limits_{j=1}^{n} E_j} \quad (3-16)$$

采用熵权法计算各个参数指标的权重，如图 3-28 所示。

2. 案例推理结果分析

根据表 3-8 中数据，采用 CBR 方法计算各目标案例相似度。

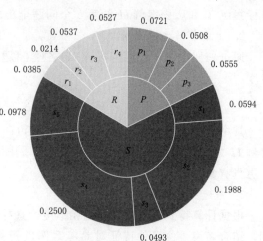

图 3-28 各指标权重图

表 3-8 相 关 案 例 汇 总

参数指标	权重	实验案例						目标案例 P
		1	2	3	4	5	6	
平均降水量/mm	0.0721	36.7	213.5	170	92	29.3	103.1	35.2
最大降水强度/(mm/h)	0.0508	111.9	56.8	100.3	43.4	94.7	117	40.3
单次降水历时/h	0.0555	21	55	20	66	10	58	17
积水深度/cm	0.0594	30	110	200	50	60	140	20
受灾面积/万亩	0.1988	337	260	2400	250	300	240	230
中心城积水断路个数/处	0.0493	29	17	63	47	8	35	4
死亡人数/人	0.2500	0	0	79	0	1	0	0
经济损失/亿元	0.0978	12	21	116	15	39	10	5
医疗机构个数/个	0.0385	9976	9773	9632	9976	9771	11100	11200
救援人员人数/人	0.0214	2626	7177	20000	4000	1724	3173	5400
救援响应时间/min	0.0537	10	10	30	10	16	10	5
应急预案等级/级数	0.0527	3	2	2	3	3	4	4

根据公式（3-11），对上述案例进行计算，以实验案例 1 为例，实验案例 1 的全市平均降水量与目标案例的全市平均降水量参数相似度计算。

$$S_{11}=1-\frac{|C_1-P_1|}{D_{\max}-D_{\min}}=1-\frac{|36.7-35.2|}{213.5-29.3}\approx0.9919$$

案例推理各参考指标相似度计算结果见表 3-9。

表 3-9 案例推理各参考指标相似度计算结果

参考指标	实验案例 1	实验案例 2	实验案例 3	实验案例 4	实验案例 5	实验案例 6
平均降水量	0.9919	0.0320	0.2682	0.6916	0.9680	0.6314
最大降水强度	0.0272	0.7758	0.1848	0.9579	0.2609	0.0000
最大单次降水历时	0.9286	0.3214	0.9464	0.1250	0.8750	0.2679
积水深度	0.9412	0.4706	0.0000	0.8235	0.7647	0.2941
受灾面积	0.9505	0.9861	0.0000	0.9907	0.9676	0.9954
中心城积水断路个数	0.5455	0.7636	0.0000	0.2182	0.9273	0.4364
死亡人数	1.0000	1.0000	0.0000	1.0000	0.9873	1.0000
经济损失	0.9340	0.8491	0.0000	0.9057	0.6792	0.9528
医疗机构个数	0.1662	0.0279	0.1662	0.1662	0.0266	0.9319
救援人员人数	0.8482	0.9028	0.2011	0.9234	0.7989	0.8781
救援响应时间	0.7500	0.7500	0.0000	0.7500	0.4500	0.7500
应急预案等级	0.5000	0.0000	0.0000	0.5000	0.5000	1.0000

对各参考指标的相似度进行计算之后，根据公式（3-12）计算预案相似度，以实验案例 1 与目标案例的相似度为例进行计算，计算过程如下，其他实验案例与目标案例的相似度结果见表 3-10。

$$S_1=\sum_{k\in m}w_k\times Sim(T_k,H_k)=0.9919\times0.0721+0.0272\times0.0508+0.9286\times0.055$$

$$+0.9412\times0.0593+0.9505\times0.1985+0.5455\times0.0493+1.0000\times0.2499$$

$$+0.9340\times0.0984+0.1662\times0.0385+0.8482\times0.0214+0.7500\times0.0537$$

$$+0.5000\times0.0527\approx0.829$$

表 3-10 案例推理相似度汇总

案例名称	实验案例 1	实验案例 2	实验案例 3	实验案例 4	实验案例 5	实验案例 6
相似度	0.829	0.715	0.086	0.794	0.797	0.788

由表 3-10 可知，6 个实验案例与目标案例之间的相似度分别为 0.829、0.715、0.086、0.794、0.797、0.788。通过对比可知，目标案例发生时，实验案例 1 的参考价值最大。根据案例推理方法可以为应急人员获得变化环境下的参考办法，具有一定的应用价值。

3.4 本章小结

  本章采用系统动力学方法分析了城市暴雨洪涝事件演变过程，按照事前、事中、事后3个子系统绘制子系统因果图，揭示事件演变和不同影响要素之间关系。基于 PSR 模型对城市暴雨洪涝事件进行情景分析，通过熵理论明确处理突发事件应急管理、应急响应的重要性，通过 PSR 模型较好的展示了事件响应过程的关键事件节点。基于贝叶斯网络自主学习获得各个参数指标的条件概率，并通过不同的条件设定得到在固定事件节点情景下类似事件的情景概率。将传统文本预案进行数字化处理和流程化描述，采用案例推理方法计算目标案例和历史案例相似度，筛选相似度最高的历史案例作为参考案例，结合实际发生的事件特征对相似案例进行重用或修正，快速制定适用于新发生事件的应对方案。

4 城市暴雨洪涝情景模拟仿真

暴雨洪水管理模型（Storm Water Management Model，SWMM）近年来被广泛应用于城市暴雨洪涝模拟仿真中，本章首先对 SWMM 模型进行概述，在此基础上结合研究区域特征建立研究区域 SWMM 模型，基于 SWMM 模型开展城市暴雨洪涝情景模拟仿真，实现不同降雨重现期、不同雨型和不同城市化水平下的城市暴雨洪涝模拟与积水点分析。

4.1 SWMM 模型概述

因为 SWMM 水动力学模型在降雨径流过程模拟中的优势，目前 SWMM 模型已被广泛应用到洪涝灾害模拟、水污染模拟、海绵城市设计等多个方面。本节对 SWMM 模型进行介绍，主要包括模型背景概述、功能模块、计算原理以及主要建模过程。

4.1.1 模型背景概述

SWMM 模型基于水动力学理论，用于模拟单一事件或连续降雨事件降雨径流的水量和水质状况的水文模型。针对早期城市排水问题，于 1971 年由美国环境保护署资助，多家单位共同设计开发[81]，随后经多次升级，功能不断完善。1975 年发布模型第二版，1981 年发布第三版，1988 年发布微机版 SWMM4.0，2004 年推出 SWMM5.0。本书采用 SWMM5.1，该版本在 5.0 版本基础上进行了升级，优化各功能模块集成处理，提高了模型模拟和计算效率，用户能够编辑研究区域的输入数据，根据不同需求对研究区域的参数进行率定，通过不同颜色区分概化模型中排水系统的输水路线，为用户提供更加便捷的操作和应用环境。

4.1.2 模型功能模块

SWMM 模型功能模块如图 4-1 所示，主要包括径流模块、输送模块、扩展输送模块和调蓄/处理模块等基础模块，执行模块，绘图模块、统计模块、联结模块和降雨模块等服务模块，每个模块可实现相应功能。其中，径流模块、输送模块、扩展输送模块和调蓄/处理模块通过执行模块可作为其他模块的输入，以此进行统计、绘图分析，但其他模块不能作为径流模块的输入。

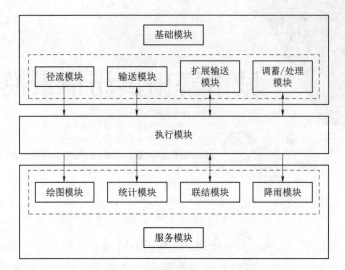

图 4-1　SWMM 模型功能模块

SWMM 模型在功能上体现了水文模型特征、水力模型特征和水质模型特征,可对研究区域的水文过程、特定水力情况、水质进行模拟。模型主要用于处理城市区域径流产生时的各种水文过程,包括降水量计算、地表水蒸发量分析、洼地对降雨的截留能力、不饱和土层中降水的下渗情况、模拟使降水和径流量减少或延缓的各种低影响开发过程等。

SWMM 模型涉及水力学模块的操作过程,可模拟径流或者其他水流进入管道中的流动,也可对径流输出管道在渠道、蓄水单元以及分水建筑物中的流动情况进行模拟,能处理不同大小的排水管网,能模拟自然河道的水流运动和径流在明渠和封闭式管道的运动,也能模拟蓄水和分流阀、堰、排水孔口等特殊设施中的水流运动。此外,用户可以自定义模型的输入数据,也可添加来自外部的水流和水质数据,模拟各种不同形式的水流运动过程,如回水、溢流和逆流等。

SWMM 模型除了对降水、径流过程进行模拟外,还可模拟径流产生过程中的水污染负荷量。根据功能区或土地覆盖植被类型将研究区域划分为不同的水文响应单元,用户可自定义污染物的累积模型和冲刷模型,从而模拟径流中污染物增长、冲刷和运输等过程。此外,用户可自定义外部水流作为模型输入,计算排水管网的水质情况,研究可减少污染负荷量的措施。

4.1.3　模型计算原理

1. 子汇水区概化

在 SWMM 模型中将研究区域划分为一系列子汇水区,子汇水区接收降雨形成地表径流,根据子汇水区是否透水,子汇水被分为透水区域和不透水区域,不透水区域根据是否有洼地蓄水能力被分为有洼地蓄水的不透水区域和无洼地蓄水的不透水区域。透水区域、无洼地蓄水的不透水区域、有洼地蓄水的不透水区域三种子汇水区域类型分析见表 4-1。

类型	透 水 区 域	无洼地蓄水的不透水区域	有洼地蓄水的不透水区域
表 4 - 1		三种子汇水区域类型分析	
公式	$R=(i-f)\times\Delta t$	$R=P-E$	$R=P-D$
含义	R 为地表径流量，mm；i 为降雨强度，mm/s；f 为下渗速率，mm/s；Δt 为降雨时间，s	R 为地表径流量，mm；P 为降雨量，mm；E 为蒸发量，mm	R 为地表径流量，mm；P 为降雨量，mm；D 为洼蓄量，mm
特点	子汇水区接收的降雨下渗到土壤，土壤吸水饱和且超过最大洼蓄量，子汇水区产生地表径流	子汇水区接受的降雨小部分通过蒸发损失，其余转化为地表径流	子汇水区接受的降雨超过最大洼蓄量，产生地表径流

由表 4 - 1 可知，不同的子汇水区域类型，地表径流计算公式不同。采用 SWMM 模型对研究区域进行模拟时，应根据各子汇水区不同地表特征，采用以上 3 种方法分别计算各子汇水区域的地表径流量，进而加权平均求取整个研究区域的地表径流量。

2. 地表产流计算

SWMM 模型中地表产流模型采用非线性水库法，每个子汇水区域被看作一个非线性蓄水池，入流量主要包括降雨量 P，出流量包括蒸发量 E、下渗量 F 和地表径流量 Q，蓄水池水深为 d，洼地最大蓄水深为 d_p，非线性水库模型如图 4 - 2 所示。

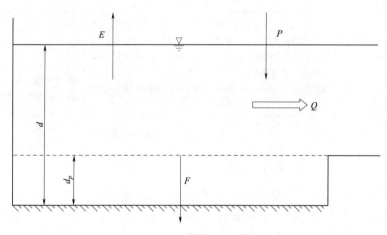

图 4 - 2　非线性水库模型

非线性水库模型的连续方程为

$$A\frac{dH}{dt}=A(I-F)-Q \tag{4-1}$$

式中：A 为子汇水区面积，m^2；H 为地表径流水深，mm，等于 $d-d_p$；I 为降雨强度，mm/min；F 为下渗速率，mm/min；Q 为径流流量，m^3/s。

SWMM 模型地表产流计算过程中，当蓄水池的水深超过洼地的最大蓄水深时，产生地表径流，采用曼宁公式计算其数值大小。

$$Q=W\frac{1.49}{n}(d-d_p)^{5/3}S^{1/2} \tag{4-2}$$

式中：W 为子汇水区宽度，m；n 为曼宁糙率系数；d 为蓄水池水深，mm；d_p 为洼地最大蓄水深，mm；S 为地表平均坡度。

3. 下渗模型

下渗是指各子汇水区域接收到的降雨入渗到地面透水区以下不饱和土层的过程。SWMM 模型提供了霍顿方程、格林-安普特方程和径流曲线数值法 3 种计算方法实现下渗过程模拟。用户可根据需求选择适合研究区域下渗过程的一种模型，再调整模型参数进行模拟。对三种下渗模型进行比较分析，结果见表 4-2。

表 4-2　　　　　　　　　　　　三种下渗模型比较

类型	霍顿方程	格林-安普特方程	径流曲线数值法
公式	$F = f_{min} + (f_{max} - f_{min}) e^{-kt}$	$F = \dfrac{K_s S_w (\theta_s - \theta_i)}{i - K_s}$	$Q = \dfrac{(P - I_a)^2}{P - I_a + S}$
含义	F 为下渗速率，mm/h；f_{min} 为最小下渗速率，mm/h；f_{max} 为最大下渗速率，mm/h；k 为衰减系数，$\mathrm{h^{-1}}$；t 为干燥时间，h	F 为累积下渗速率，mm/min；K_s 为饱和土壤水力传导率；S_w 为浸润面上土壤吸水能力；i 为降雨强度，mm/min；θ_s 和 θ_i 分别为饱和时和初始时的水分体积，$\mathrm{m^3}$	Q 为径流量，mm；P 为降雨量，mm；I_a 为初始损失量，mm；S 为潜在最大洼蓄量，mm
输入参数	最大及最小下渗速率、衰减系数、干燥时间	初期土壤含水量、水力传导度、湿润锋的水头深	构成曲线数据序列、干燥时间
模型特征	下渗速率随时间推移从最大下渗速率降低到最小；描述下渗速率和降雨历时的关系；率定参数少，未考虑土壤的水分	湿润锋将土壤层分为不饱和土壤含水层与饱和土壤含水层；初始土壤为不饱和土壤含水层，降水下渗到初始土壤，使初始土壤随时间推移转变为饱和土壤含水层	土壤下渗能力是由土壤含水量数值曲线得到；描述了地表产流与汇水区下垫面情况和土壤含水的关系；未考虑降雨过程对地表产流的影响
适用范围	小流域下渗模型	有完善土壤资料流域下渗模型	大流域下渗模型和较大设计暴雨强度

4. 地表汇流计算

降水在子汇水区域形成地表径流，地表径流进入排水管道，汇流至管道排水口排出。地表径流量在排水管道中的运动采用质量守恒和动量守恒方程进行计算，采用的方法主要包括稳定流法、运动波法和动力波法，具体情况见表 4-3。

表 4-3　　　　　　　　　　　　三种管网水动力计算方法比较

类型	稳定流法	运动波法	动态波法
方法	连续流量演算	连续方程和运动方程	一维圣维南流量方程
特点	均匀和恒定的水流运动；每个节点只有一个出口；不能计算管道蓄水、回流、进出水口损失、逆流、有压流；对时间步长不敏感；描述了管道上下游间入流流量过程线	水面坡度等于导管坡度；不考虑管道的回水、逆流和有压流；最大水流为通过导管的满负荷流量；模拟管道流量和断面面积随时间和空间的变化过程	采用曼宁公式模拟管道内的流量；水流可超出导管满负荷水量；计算管道蓄水、回流、进出水口损失、逆流、有压流；模拟复杂的水流运动，结果精确
适用范围	树状排水管网系统，长期连续模拟初期分析	树状排水管网系统，长时间步长模拟（时间步长 5～15min）	任何排水管网系统，较短时间步长模拟（时间步长≤1min）

由表 4-3 可知，SWMM 模型中的三种管网水动力计算方法适用的管网范围不同。稳定流法不能计算管道的蓄水、回流、进出水口损失、逆流、有压流，对时间步长不敏感，只适用于树状排水管网系统的长期连续初期模拟，适用性较差。运动波法不考虑管道的回水、逆流和有压流，只适用于树状排水管网系统的长时间步长模拟。动态波法可计算管道的蓄水、回流、进出水口损失、逆流、有压流，适用于任何排水管网系统的较短时间步长模拟，其结果最为准确，适用性较强，在国内外得到了广泛使用。

4.1.4 模型建模过程

SWMM 模型建模的基本过程主要包括新建工程、绘制对象、设置对象属性、模型模拟以及查看模拟结果，模拟结果主要包括报告、图像和表格信息等。

1. 新建工程

在 SWMM 模型中，首先需要创建一个新工程。对工程缺省值进行设定，包括对缺省的 ID 标签，对雨量计、子汇水区等各种对象的 ID 编号进行设置作为区分依据。编辑研究区域相关属性，如子汇水区面积、坡度、宽度、不渗透性、不渗透面积粗糙系数（N）等，如图 4-3（a）所示。建模主要对节点和管道的属性缺省值进行初始设置，新建项目时需对这些属性进行赋值，后面可进行调整。除对以上缺省值进行设置外，还需设置模型单位，选择可用于描述流量的单位，对偏移量进行调整。

2. 绘制对象

将 ArcGIS 和 CAD 绘制的研究区域地形图直接导入 SWMM 模型中作为研究区域背景图，方便用户绘制研究区域概化模型。导入文件后，需对背景图的坐标系、单位进行转换，调整背景图片的位置，也可为子汇水区、管道和检查井设定不同的颜色，从而实现模型的动态模拟运行情况，如图 4-3（b）所示。若研究区域范围较大且涉及研究对象较复杂，难以保证模拟精确性，需利用 SWMM 特定的 txt 文件导入模型中，生成研究区域概化图，绘制研究对象（排水管网、雨量计和节点等），并设置研究对象属性值。

3. 设置对象属性

编辑对象时，可通过属性编辑器对单个对象或具有相同属性的对象进行统一编辑，如图 4-3（c）所示。对于管道长度、子汇水区面积、洼地蓄水下渗率等属性只能单独进行编辑，但是若子流域只有一个雨量计，或管道的形状和深度参数都相同，类似情况可对相同属性的对象进行批量编辑。除以上编辑对象属性的方法外，还可利用导入外部文件的方式。将对象属性编辑完成后作为外部文件导入模型中，此方法适用于有大量管道和节点的区域。SWMM 模型参数见表 4-4。

表 4-4　　　　　　　　　　　　SWMM 模 型 参 数

对象	参　　　数
雨量计	雨量格式、降雨时间序列数据
子汇水区面积	出水口、面积、不渗透百分比、不渗透性曼宁系数、不渗透性洼地蓄水、宽度、渗透性曼宁系数、渗透性洼地蓄水、下渗、坡度等
节点	内底标高、最大深度等
管段	形状、最大深度、长度、粗糙系数等

4. 模型模拟

将流域内所有对象的各种参数设置完成后,用户可设置常用选项、日期、时间步长、汇流模型选择和界面文件等模拟选项,根据不同情景执行模型模拟演算,如图 4-3(d)所示。执行模拟运行后会得到地表径流和流量演算的连续性误差,用户可对模型运行的误差进行分析,合理误差可以更加精确地验证模型的模拟结果,确定模型模拟的良好性。运行模拟后若出现运行错误,可根据错误代码和原因,找到解决方案。

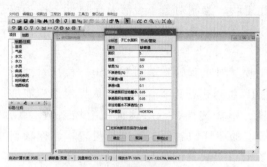

| (a) 新建工程界面 | (b) 区域背景图编辑界面 |

 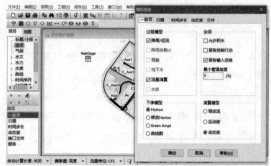

| (c) 对象属性批量设置界面 | (d) 模型模拟选项设置界面 |

图 4-3 SWMM 模型建模过程部分界面

5. 查看模拟结果

SWMM 模型运行成功后可得到多种形式的结果,主要包括时间序列图、剖面图、相关数据表格及各类统计报告,用户可根据模拟结果对研究区域排水系统进行分析。部分模拟对象和物理量见表 4-5。

表 4-5 部分模拟对象和物理量

类型	模拟物理量
节点	水头、水深、溢流量、总入流量、侧向入流量、洪流
管段	流量、水深、流速、管道容量、弗劳德常数
子汇水区区域	降水量、径流量、降雨损失量
系统	降水量、径流量、降雨损失量、总流量、蓄水量、溢流量

采用时间序列图可直观看到水流与时间的变化过程，可通过选择对象管道或节点，再选择对应的变量，得到所选取对象的时序图。剖面图展示的是排水系统中管道、节点、调蓄设置等对象的空间位置关系，可用于研究管道水深和距离的动态变化过程，设定管段的起点和结束点，绘制高程剖面图，结合动画展示功能，能够清晰地看到水深变化过程。通常采用散点图来表示节点水深和管道流量的关系，用户也可根据自身需求设置不同的对象，分析其演变规律。模型运行成功后会自动生成状态报告，主要包括径流结果、节点深度总结、节点进流量分析、节点超载情况、节点洪流及管段流量总结等报告。

4.2　SWMM 模型构建

针对上述 SWMM 模型相关基本理论及计算方法，结合研究区域实际情况，基于 SWMM 建立城市暴雨洪涝模拟模型。首先对 SWMM 模型数据进行分析，其次对构建城市暴雨洪涝模拟模型所需参数进行设置，最后基于城市暴雨洪涝成因分析，对不同的降雨情景进行设计。

4.2.1　模型数据分析

1. 研究区域 DEM 数据分析

数字高程模型是用一组平面坐标序列 (X,Y) 和地面高程 (Z) 组成的数据集，描述了研究区域地形结构的空间分布，可用于提取区域坡度、水流方向以及坡向等参数。DEM 数据是矢量数据，在分析坡度和坡向等水文信息时，需要转换为栅格数据进行水文要素提取。高程数据可以用 GPS 直接测量，也可在地形图上采用内插法生成 DEM 数据，内插方法最常用的规则网络结构算法和不规则三角网算法，或者根据高分辨率航拍影像资料，采用摄影测量获取。

模型中采用的 DEM 数据来源于中国科学院地理空间数据云平台，数据空间分辨率为 30m，主要用于研究区域的排水管网节点、子汇水区顶点的高程以及坡度、坡向等分析。DEM 范围大于研究区域，将高程数据导入到 ArcGIS，利用裁剪方法进行区域裁剪，得到该研究区域高程分布，如图 4-4 所示。

2. 排水系统概化

排水管网概化是对汇水区域、排水管网的节点、排水口等关键要素进行建模，输入模型相关参数，对排水能力进行分析的过程。在排水系统概化前，需要对研究区域进行划分，得到不同子汇水区。

(1) 子汇水区划分。子汇水区划分是将研究区域划分为各子汇水区单位，各子汇水区单位的地表径流分配到相应排水管网汇节点，最终汇入排水管网排放口排出。对本例中研究区域的 DEM 数据进行分析，划分各子汇水区。首先以研究区域市政排水管网为基础进行子汇水区的初步划分；其次采用 ArcGIS 分析区域 DEM 数据，并对子汇水区划分进行调整与修改；最终计算子汇水区面积、宽度，提取子汇水区坡度、不渗透百分比等参数，在 SWMM 软件中导入子汇水区的区划图。本例中可将研究区域划分为 2 个排水区域，22 个子汇水区。

图例
- 高

低

图 4-4   研究区域高程分布

1）子汇水区面积与宽度。各子汇水区面积采用 ArcGIS 属性表的统计工具获取，各子汇水区的特征宽度通过计算获得，SWMM 模型用户手册提供了 4 种计算方法。本研究区域的地形坡度分布较均匀，水流长度可以确定，故选择各子汇水区面积除以其排水节点到子汇水区上最远的点的距离计算各子汇水区的特征宽度。

2）子汇水区地表平均坡度。采用 ArcGIS 对 DEM 数据进行分析，提取各子汇水区地表平均坡度（以百分数表示）。首先采用 ArcGIS 数据管理工具箱中的投影与转换进行投影转换；其次采用 Spatial Analyst 工具箱中的表面分析，对转换后的 DEM 数据进行坡度百分比提取；最后采用 Spatial Analyst 工具箱中的区域分析，提取各子汇水区平均坡度百分比，具体流程如图 4-5 所示。

3）子汇水区不渗透百分比。采用 ArcGIS 对研究区域影像数据进行分析，提取各子汇水区不渗透百分比。首先在 ArcGIS 工具条中调出影像分类工具，使用训练样本管理器进行样本的选择，选择完成后采用交互式监督分类提取不同土地类型；其次采用 Spatial Analyst 工具箱中的提取分析，按属性将区域各土地类型进行单独提取；然后采用 Spatial Analyst 工具箱中的区域分析，提取子汇水区各种土地类型面积；最后对各土地类型面积进行计算，得到各子汇水区的不渗透百分比，具体流程如图 4-6 所示。

（2）排水管网概化。子汇水区划分完成后需对排水管网进行概化，排水管网概化首先需在 ArcGIS 中添加研究区域排水管网图，进行地理配准；其次将排水管段、节点、排水出口等要素进行矢量化，输入管径大小等参数；最终计算排水管网长度，提取节点高程等参数，在 SWMM 软件中导入排水管网概化图，完成排水管网概化。将本例中研究区域划分为 2 个排水区域，22 个子汇水区，共计 40 个节点，40 段管道，无泵站、蓄水池、水闸等其他设施，概化结果如图 4-7 所示。

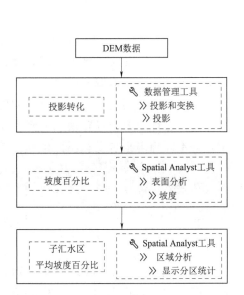

图 4-5 平均坡度百分比提取流程

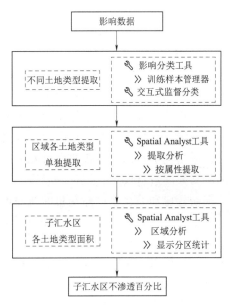

图 4-6 不渗透百分比提取流程

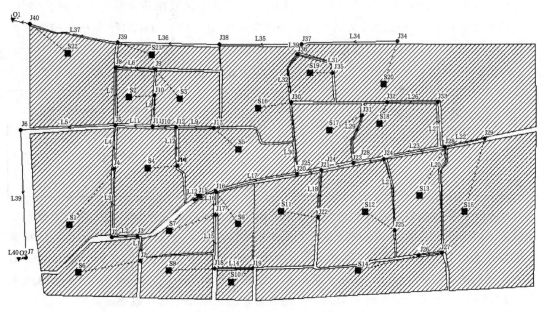

图 4-7 排水管网概化图

4.2.2 模型参数设置

SWMM 模型的输入参数包括水文、水力相关参数，有子汇水区面积、管网长度、特征宽度、不透水率以及最大下渗率、最小下渗率等。前文中已经对平均坡度、子汇水区域面积和宽度等数据的提取方法进行了介绍，下面主要对输入的降雨时间序列数据及模型经验参数的确定进行介绍。其中，模型经验参数主要是通过查询比较 SWMM 模型用户手册和现有相关文献，从而初步确定参数范围。

1. 降雨时间序列数据

SWMM 模型中雨量计代表降水作为系统的输入，需要添加降雨时间序列数据，降雨时间序列数据可以输入实测降雨也可输入设计降雨，输入的降雨数据有降雨强度、降雨量和降雨累积量 3 种格式。芝加哥雨型生成器能够全面模拟暴雨整个历时过程，分析不同雨型的暴雨特征，适用性好，是国内设计暴雨公式和室外排水设计规范中经常使用的降雨设计法。采用芝加哥雨型结合西安市暴雨强度经验公式，对不同降雨重现期和不同雨峰系数下的降雨强度进行设计。

采用住房和城乡建设部发布的西安市暴雨强度经验公式[82]：

$$q = \frac{18.2926 \times (1 + 1.7352 \times \lg P)}{(t + 20.4709)^{0.9861}} \tag{4-3}$$

式中：p 为降雨重现期，a；t 为降雨历时，min。

基于西安市暴雨强度经验公式，采用芝加哥雨型生成器生成西安市降雨时间序列数据，芝加哥雨型生成器所需参数为：$A = 18.2926 \times 167 = 3054.8642$，$c = 1.7352$，$b = 20.4709$，$n = 0.9861$。

2. SWMM 模型经验参数

（1）洼蓄量。洼蓄量是指洼地处蓄水深度，有不透水区域洼蓄量和透水区域洼蓄量，其与地形密切相关。通过查阅文献并结合 SWMM 模型用户手册选取洼蓄量的取值，见表 4-6。不透水区洼蓄量初始值为 2mm，透水区的洼蓄量取下列建议值的平均值 7.14mm。

表 4-6　　　　　　　　　　　　不同地表洼地蓄水量值

项　目	参　数　取　值　参　考					本书取值
	SWMM 用户手册建议值	岑国平、沈晋、范荣生[83]	王艳珍、王晓松[84]	梅超、刘家宏、王浩，等[85]	金鑫[86]	
不透水表面	1.27~2.54mm	2~5mm	1.27mm	2.00mm	1.5875mm	2mm
透水表面	2.54~7.62mm	3~10mm	7.59mm	7.00mm	6.35mm	7.14mm

（2）下渗模型系数。通过上述分析可知，霍顿公式输入参数较少，主要输入参数有土壤最大入渗速率、土壤最小入渗速率和入渗衰减系数，并且适合较小区域。因此，选择霍顿模型作为本书模型的下渗模型，其中，土壤最大入渗速率建议值为 76.2~152.4mm/h，本研究区域植被覆盖度较小，选取土壤最大入渗速率初始值为 76.2mm/h，最小入渗速率为 3.81mm/h，入渗衰减系数为 4h^{-1}，并将参数值输入模型进行参数率定。

（3）曼宁粗糙系数。粗糙系数 n 可由水力模型计算能量方程推导得出，是一个无量纲常数。SWMM 模型需输入 3 种曼宁粗糙系数，分别为透水区曼宁粗糙系数、不透水区曼宁粗糙系数以及管道曼宁粗糙系数，参考模型手册中不同类型路面曼宁粗糙系数取值，本研究区域管道为混凝土管道，管道曼宁粗糙系数取 0.013，不透水区曼宁粗糙系数取 0.012。查阅文献可知透水区曼宁粗糙系数一般取 0.10~0.30，本例选取最大值 0.3 作为透水区曼宁系数。

4.2.3 模型情景设计

采用 SWMM 模型模拟时需要事先在雨量计中添加降雨时间序列数据，为了模拟结果更加精确，结合研究区域实际情况，采用设计降雨情景方法进行降雨情景设计。

1. 不同重现期降雨情景设计

根据研究区域的暴雨强度公式结合芝加哥雨型，设计不同重现期下历史降雨强度，降雨重现期分别采用 0.5a、1a、2a、5a 和 10a。根据相关资料，雨峰系数 r 取值一般在 0.3~0.5 之间[87]，考虑到本研究区域雨量资料较少，借鉴类似地区的经验参数，雨峰系数 r 取 0.4，计算出 2h 降雨历时的雨峰位置是 $t_a = 120 \times 0.4 = 48\text{min}$。选取时间步长为 1min，历时为 2h，计算研究区域的设计降雨量，不同降雨重现期的降雨强度分布如图 4-8 所示。

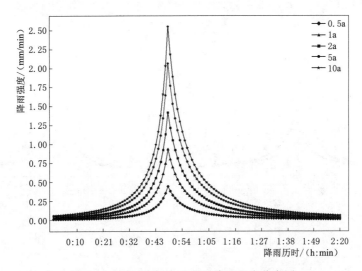

图 4-8 不同降雨重现期的降雨强度分布图

由图 4-8 可知，其他条件相同，不同降雨重现期的最大降雨强度位置是相同的。降雨重现期越大，最大降雨强度越大，总降雨量越多。降雨重现期为 0.5a、1a、2a、5a 和 10a 时的最大降雨强度分别为 0.45mm/min、0.93mm/min、1.42mm/min、2.06mm/min 和 2.55mm/min，2h 历时的降雨总量分别为 8.02mm、16.79mm、25.56mm、37.16mm 和 45.93mm。

2. 不同雨型的降雨情景设计

采用西安市暴雨强度公式，基于芝加哥雨型生成重现期为 1a、2a、5a 和 10a 的情景，雨峰系数选取 0.3、0.4 和 0.5，降雨历时为 2h，时间步长为 1min，不同雨型的降雨强度分布如图 4-9 所示。

由图 4-9 可知：在相同降雨重现期条件下，不同雨峰系数的 2h 历时降雨总量和最大降雨强度基本相等。雨峰系数越小，最大降雨强度位置越靠前，3 种雨型的 2h 历时最大降雨强度分别为 $120 \times 0.3 = 36\text{min}$、$120 \times 0.4 = 48\text{min}$、$120 \times 0.5 = 60\text{min}$。

3. 不同城市化发展水平情景设计

不同城市化发展水平会对城市下垫面产生显著影响，从而影响区域产汇流特性。随着

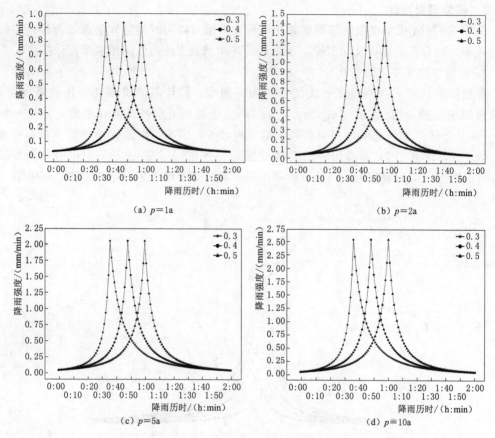

图 4-9　不同雨型的降雨强度分布

城市化的快速发展，区域不渗透百分比增大，地表径流增多，易形成城市洪涝。因此，基于不同城市化发展水平情景进行城市暴雨洪涝模拟，为城市规划设计提供参考依据。

城市化发展水平影响区域不渗透百分比，通过改变各子汇水区不渗透百分比，进行不同城市化发展水平情景下的城市暴雨洪涝模拟。本研究区域的子汇水区不渗透百分比最大为 95%，设置 4 种不同城市化发展水平情景，具体为各子汇水区不渗透百分比减少 15%、减少 10% 和增加 5%，0% 为对照组。例如，S3 区域当前不透水面积为 70%，设置 4 种情景 A、B、C、D 的不透水面积分别为 55%、60%、70% 和 75%，其他参数不变，进行城市暴雨洪涝模拟，分析不同城市化发展水平对城市暴雨洪涝积水情况的影响。

4.3　SWMM 模型模拟

基于上述构建的 SWMM 模型和不同情景进行城市暴雨洪涝情景模拟，分析 0.5a、1a、2a、5a 和 10a 不同重现期的径流变化和积水点情况，并基于不同情景对城市排水能力进行分析。

4.3.1　模型初步运行

首先在 SWMM 模型中添加雨量计，设置降雨条件，运行模型生成模拟状态报告和总结报告，得到地表径流、节点深度、节点径流量和管渠超载等信息，分析节点流量、管道深度及系统径流量的时间序列变化情况。图4-10为构建的SWMM模型示例。

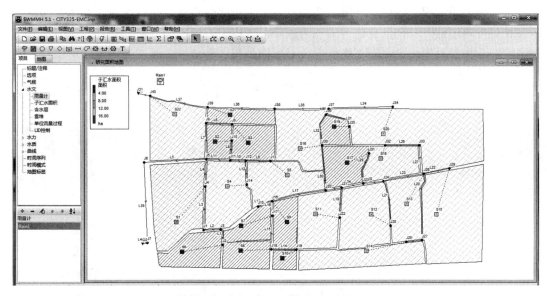

图4-10　SWMM模型构建示例

4.3.2　模型参数率定

选择雨峰系数为0.4，降雨重现期为1年一遇，降雨历时为2h，运行模型，模拟结果显示地表径流的连续误差为−0.02%，流量演算的连续误差为0.02%，误差满足要求。结合实地调研情况，对照防汛办对积水路段所设置的警戒标志，与模拟的积水情况进行对比，对模型的合理性进行验证。表4-7为研究区域1年一遇降雨重现期下管道超载模拟结果及节点积水情况的对比结果。

表4-7　　　研究区域1年一遇降雨重现期下管道超载模拟结果及节点积水情况

类型	模 拟 结 果	研究区域实际情况
管道超载	L5、L6、L7、L10、L12、L13、L17、L20、L22、L23、L24、L25、L27、L28、L30、L32、L33、L35、L38、L39	主要积水路段包括：长乐坊路、伍道十字东街、伍道十字西街、北火巷、孟家巷
节点积水	J5、J6、J8、J9、J15、J16、J20、J21、J23、J24、J27、J28、J29、J30、J33、J36、J37、J40	

将模拟结果和实际情况进行对比分析，主要积水路段有长乐坊路（L13、L17、L22、L23、L24、L25、L28、J16、J20、J21、J23、J24），伍道十字东、西街（L5、L10、L11、J5、J6），模拟结果与实际出现的积水情况基本一致，结果较为合理，表明上述构建的模型可进一步用于不同情景的暴雨洪涝模拟。

4.3.3　不同重现期降雨情景模拟

城市下垫面条件保持不变，分析不同重现期情景下的地表径流情况，通过模拟可以得到不同子汇水区的降雨量、下渗量和径流量。根据总降雨量、总下渗量和总地表径流量信息，对研究区域地表径流演变过程进行分析，如图4-11所示。由图4-11可知：不同重现期的径流系数不同，重现期越大，径流系数越大。由于研究区域以住宅区和道路为主，不透水区域面积所占比例较大，植被相对较少，导致径流系数偏大，说明城市不透水区域面积增加不利用于积水的快速排出。此外，随着重现期的增加，总降雨量、渗入损失量和地表径流量均增加。较大重现期情景下的总降雨量较大，造成水流由地表径流到进入排水管网汇流和集水时间减少，雨水峰值增大，短期内积水点增多，城市洪涝风险增加。

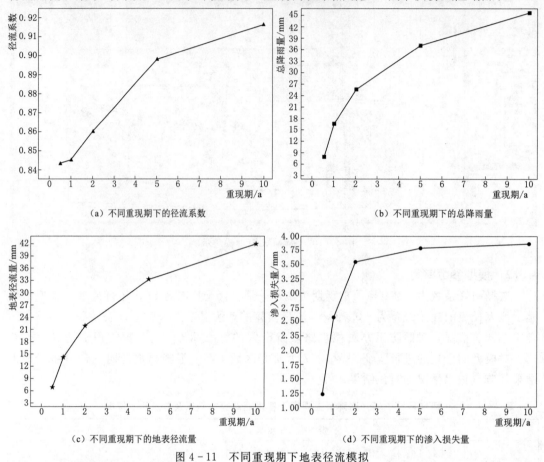

（a）不同重现期下的径流系数　　　　　（b）不同重现期下的总降雨量

（c）不同重现期下的地表径流量　　　　　（d）不同重现期下的渗入损失量

图 4-11　不同重现期下地表径流模拟

4.3.4　不同雨型降雨情景模拟

SWMM 模型中其他参数保持不变，选择不同雨型的降雨数据作为模型输入数据，开展不同雨型下的降雨情景模拟。模拟得到总降雨量、总下渗量、总地表径流量以及径流系数等，分析不同雨型情景下地表径流过程模拟，结果如图 4-12 所示。由图 4-12 可知：1年一遇重现期情景下，雨型系数不同，但径流系数相差不大，结果基本一致。2 年一遇和 5 年一遇重现期下，径流系数随雨峰系数的增加略有增大，排水时间延迟，洪涝风险增加。相同降雨重现期，不同雨型情景下，总降雨量随着雨峰系数的增加略有减少，下渗量也呈减少趋势。

4.3.5　不同城市化水平降雨情景模拟

随着城市化的快速发展，城市不渗透百分比增大，对城市产汇流过程产生影响，地表径流显著增加，导致城市积水产生的概率增加。研究不同城市化水平下的城市暴雨洪涝模

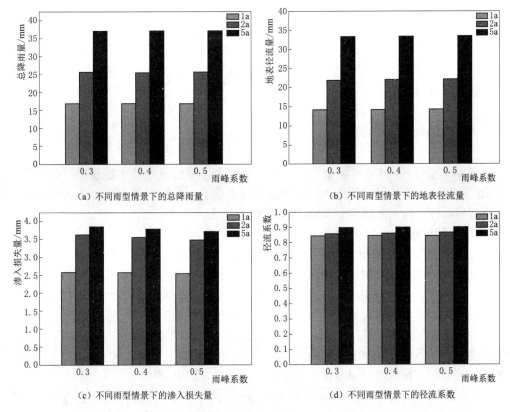

(a) 不同雨型情景下的总降雨量   (b) 不同雨型情景下的地表径流量

(c) 不同雨型情景下的渗入损失量   (d) 不同雨型情景下的径流系数

图 4-12 不同雨型情景下地表径流过程模拟

拟,可为城市规划设计和排水管网布置提供参考依据。城市发展水平是城市不渗透百分比的重要影响要素。改变各汇水区不渗透百分比,对不同城市化水平情景下的径流过程进行模拟。结合本研究区域的特性,设置 4 种情景改变各子汇水区不渗透百分比,即为当前各子汇水区设置的不透水面积百分比数值减少 15%、减少 10% 和增加 5%,其他参数不变,0% 为对照组。例如 S3 区域当前的不透水面积是 70%,设置 4 种情景 A、B、C、D 的不透水面积百分率为 55%、60%、70 和 75%。表 4-9 中为以 1 年一遇降雨重现期、雨峰系数 0.4,进行不同城市化水平情景下的径流模拟结果,以此来分析不同城市化水平对城市暴雨洪涝的影响。

表 4-8   不同城市化水平情景地表径流模拟

情景	总降雨量 /mm	渗入损失 /mm	地表径流量 /mm	径流系数	径流系数 增加百分比/%
−15%	16.792	5.086	11.686	0.696	−17.63
−10%	16.792	4.246	12.523	0.746	−11.72
0%	16.792	2.567	14.196	0.845	0.00
+5%	16.792	1.727	15.032	0.895	+5.92

注 "+"表示增加,"−"表示减少。

由表 4-8 可知，随着城市化水平的提高，不透水面积增加，总降雨量相同时，渗入损失量显著减小，地表径流量增加，径流系数增大，且径流系数增加的百分比与不透水面积增加的百分比相近。对不同城市化水平情景下地表径流模拟结果进行分析可得，城市化水平提高显著增加了城市暴雨洪涝风险，城市排水管网改造率应大于或等于城市化发展速度，以期保证管网排水能力。

4.4 SWMM 应用实例

将上述构建的 SWMM 模型应用到西安市主城区，根据城市暴雨洪涝成因设计不同模拟情景，进行西安市主城区暴雨洪涝管理过程模拟仿真，分析计算地表径流变化、节点积水及管道超载等，得到不同情景下城市暴雨洪涝情况。

4.4.1 研究区域概况

西安市地处渭河流域中部关中盆地，位于 $107°40'\sim109°49'$E 和 $33°42'\sim34°45'$N 之间。北濒渭河，与咸阳市相接，南依秦岭，与汉中市、安康市相接；东以零河和灞源山地为界，与渭南市、商洛市相接；西以太白山地及青化黄土台塬为界，与宝鸡市相接。南部为剥蚀山地，北部为渭河水系的冲积平原，地势总体上东南高、西北低。辖境东西长约 204km，南北宽约 116km，全市面积 10096.81km²，是陕西省省会，西北地区重要的中心城市。其行政区包括 11 区 2 县，即碑林区、新城区、莲湖区、灞桥区、雁塔区、长安区、未央区、临潼区、高陵区、阎良区、鄠邑区、蓝田县和周至县。

西安市地处平原地区，属暖温带半湿润大陆性季风气候，冷暖干湿四季分明。冬季寒冷、少雨雪；春季温暖、干燥、多风；夏季炎热多雨，伏旱突出，多雷雨大风；秋季凉爽，秋淋明显。气温年内变化较大，多年平均气温为 13.0～13.7℃，年极端最低气温 −21.2℃，年极端最高气温 43.4℃。年日照时数 1646.1～2114.9h，年主导风向各地有差异，西安市区为东北风。气象灾害有干旱、连阴雨、暴雨、洪涝、城市内涝、冰雹、大风、干热风、高温、雷电、沙尘、大雾、霾、寒潮、低温冻害。年降水量在 522.4～719.5mm 之间，年降水量分布特征是由北向南递增，7 月、9 月为两个明显降水高峰月，是全年降雨量最多的月份，在此期间容易出现强降雨天气，城市暴雨洪涝现象发生的可能性很大。全年 1 月和 12 月降水量较少，持续性降水造成暴雨的可能性极小，出现城市洪涝的可能性极低。

西安市于 1994 年完成第三轮排水管网的规划，城市化进程速度加快，城市规模也在迅速扩张，旧排水系统难以满足排水现状，排水系统需要重新规划。从管道节点来看，部分排水系统设施年代较为久远，主干道路和新修道路的排水工程建设年份较近，基本在 2010—2016 年。《西安市中心市区排水工程详细规划》（2010—2020 年）提出：以主城区为主要排水规划范围，向外围进行扩大，采取雨污分流排水为主要措施，且与污水截留制相结合进行，促进污水可再生利用和雨水有效利用。研究区域内居民住宅区较多，部分路段排水管网较为陈旧，规划的主要道路设计雨水管网，无雨水泵站。研究区域内雨水主要排入兴庆公园、曲江池南湖等大型人工湖，或者随着雨水进入排水管网后，最后排入护城河。

4.4.2 排水系统概化

首先基于西安市排水管网图对研究区域排水管网进行概化处理，经概化后的排水管网，共计 370 个汇节点，23 个排放口，378 段管道，如图 4-13 所示。

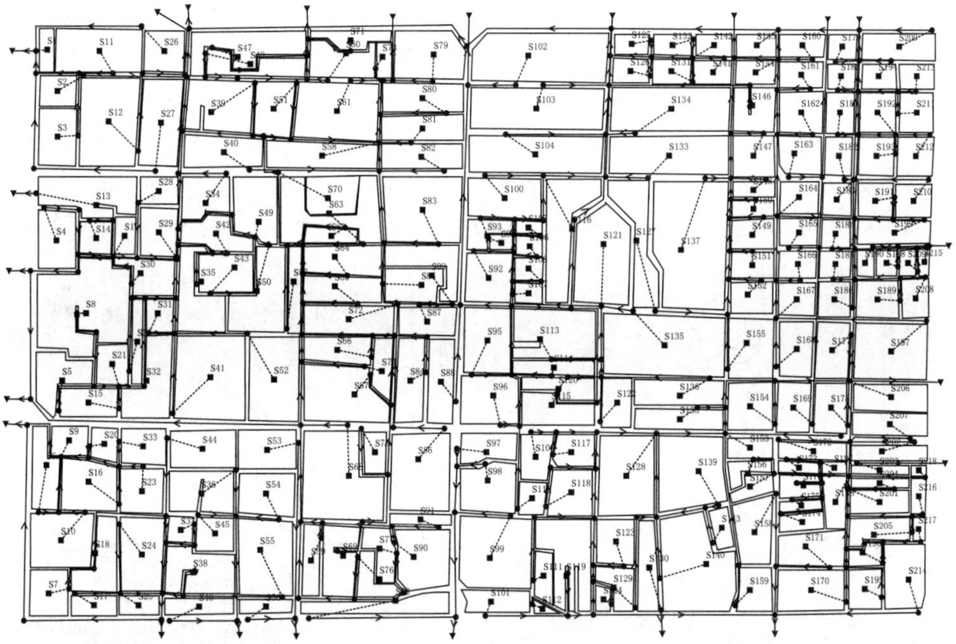

图 4-13　研究区域排水系统概化

4.4.3　模型情景设计

1. 模型参数设置

基于西安市暴雨强度经验公式，采用芝加哥雨型计算得到不同降雨重现期和不同雨峰系数下的降雨时间序列数据。降雨重现期选取为 1a、2a、3a、5a 和 10a，降雨历时取 120min。下渗模型选择 Horton 模型，模型经验参数主要包括洼蓄量、无洼地蓄水不渗透百分比、曼宁系数和 Horton 下渗模型参数等。各参数的取值范围和本书取值见表 4-9。

表 4-9　　　　　　　　　　SWMM 模型经验参数取值

参数类型	参数名称	参　数　取　值　参　考					本书取值
		建议值[88]	武大洋[89]	计宝鑫[90]	苏海龙[91]	韩浩[92]	
洼蓄量	不渗透性洼地蓄水/mm	1.27～2.54	1.3	2.54	2.5	2	2.54
	渗透性洼地蓄水/mm	2.54～7.62	5.1	5.08	7	7.14	7.14
无洼地蓄水不渗透百分比/%			25		25		25
曼宁系数	不渗透性 N 值	0.011～0.024	0.013	0.011	0.012	0.012	0.012
	渗透性 N 值	0.05～0.80	0.24	0.41	0.264	0.3	0.41
	管道粗糙率	0.011～0.015		0.011	0.013	0.013	0.013
Horton 下渗模型参数	最大下渗速率/(mm/s)	76.2	76.2	76.2	76.2	76.2	76.2
	最小下渗速率/(mm/s)		6.4	3.8	3.81	3.81	3.81
	衰减常数	2～7	2.2	4	4	4	4
	排干时间	2～14	7	7	7	7	7

2. 模型情景设计

通过设置不同降雨、不同城市化水平和不同排水管网管径等多个情景对研究区域暴雨洪涝进行情景模拟仿真,其中降雨情景包括不同降雨重现期和不同降雨雨型,不同城市化水平情景通过改变子汇区不透水面积占比设置,城市排水管网水平通过改变排水管网管径大小设置。

(1) 不同降雨情景设计。根据相关资料,西安市雨峰系数取值在 0.3~0.5 之间,选取雨峰系数为 0.3、0.4 和 0.5,降雨重现期分别采用 1a、2a、3a、5a 和 10a,降雨历时 2h。不同雨峰系数和不同降雨重现期的降雨数据如图 4-14 所示。由图 4-14 可知:相同

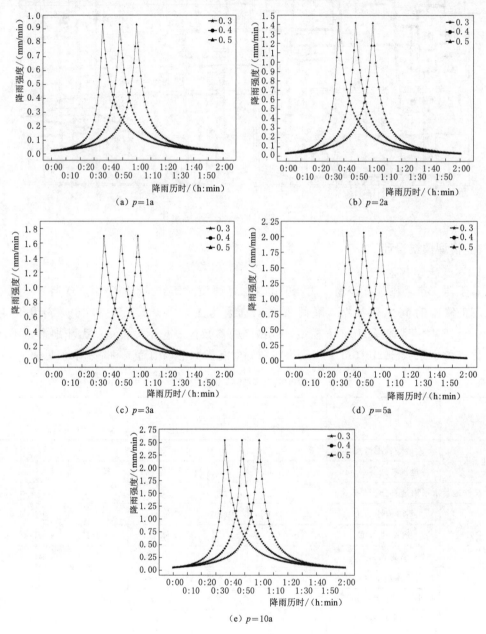

图 4-14 不同雨峰系数和不同降雨重现期的降雨数据

雨峰系数下，不同降雨重现期的最大降雨强度位置基本相同，且降雨重现期越大，最大降雨强度越大，总降雨量越多。降雨重现期为 1a、2a、3a、5a 和 10a 的最大降雨强度分别为 0.93mm/min、1.42mm/min、1.70mm/min、2.06mm/min 和 2.55mm/min，2h 历时的降雨总量分别为 16.79mm、25.56mm、30.69mm、37.15mm 和 45.93mm。同一降雨重现期下，不同雨峰系数的最大降雨强度和降雨总量基本相等，且雨峰系数越小，最大降雨强度位置越靠前。当雨峰系数为 0.3 时，2h 降雨历时最大降雨强度位置为 $120 \times 0.3 = 36min$，当雨峰系数为 0.4 和 0.5 时，2h 降雨历时最大降雨强度位置分别是 $120 \times 0.4 = 48min$ 和 $120 \times 0.5 = 60min$。

（2）不同城市化发展水平情景设计。在模型中设置不同的子汇水区不渗透百分比，开展不同城市化水平的城市暴雨洪涝模拟。西安市主城区的子汇水区不渗透百分比最大为 95%，设置 4 种不同城市化水平的情景，具体为各子汇水区不渗透百分比减少 10%、减少 5% 和增加 5%，其他参数不变，0% 为对照组，进行城市暴雨洪涝模拟，分析不同城市化水平对城市暴雨洪涝管理的影响[93]。

（3）不同管网水平情景设计。城市排水管网决定城市排水能力，管径大小是排水管网的一个重要指标，管网管径设计较小，区域降水偏大容易造成排水管道满流，长时间的管道满流会导致管道溢流，造成地面积水。管网水平情景基于模型模拟结果进行设置，将模拟得到的溢流管道管径分别增加 0.1m、0.2m 和 0.3m，0m 为对照组，进行城市暴雨洪涝模拟，为城市规划和排水管网布置提供参考依据。

4.4.4 情景模拟仿真

1. 不同降雨情景模拟

降雨对城市暴雨洪涝管理有重要影响，通过对西安市主城区不同降雨情景下的地表径流、节点积水情况及管道超载情况进行模拟，分析不同类型的降雨对城市暴雨洪涝管理的影响。

（1）地表径流模拟。降雨重现期采用 1a、2a、3a、5a 和 10a，雨峰系数采用 0.3、0.4 和 0.5，基于模型进行不同降雨情景下的径流模拟，取各子汇水区径流模拟结果的平均值，见表 4 - 10。

表 4 - 10　　　　　　　　　　不同降雨情景下子汇水面积径流模拟

降雨重现期	雨峰系数	总降雨量/mm	径流量/mm	下渗量/mm	径流系数
1a	0.3	16.79	12.05	3.19	0.72
	0.4				
	0.5				
2a	0.3	25.57	19.16	4.86	0.75
	0.4				
	0.5				
3a	0.3	30.69	23.34	5.80	0.76
	0.4				
	0.5				

续表

降雨重现期	雨峰系数	总降雨量/mm	径流量/mm	下渗量/mm	径流系数
5a	0.3	37.17	29.39	6.23	0.79
	0.4				
	0.5				
10a	0.3	45.94	38.01	6.39	0.83
	0.4				
	0.5				

由表4-10可知：相同降雨重现期下，雨峰系数对总降雨量、径流量、下渗量和径流系数无明显影响。而雨峰系数相同时，总降雨量、径流量、下渗量和径流系数随着降雨重现期的增大而增大。随着降雨重现期增大，西安市主城区径流系数增大，地表径流增多，城市暴雨洪涝发生的可能性增大。

（2）节点积水模拟。根据经验，当溢流时间超过10min就会形成小范围积水，溢流时间超过30min且不及时排出就会造成严重积水。因此，对不同降雨情景下的节点积水情况进行模拟，结果见表4-11。

表4-11 不同降雨情景下节点积水模拟

降雨重现期	雨峰系数	积水时间超10min的节点数	占总节点数百分比/%	各节点平均积水小时数/h	最大积水时刻	最长积水时间/h
1a	0.3	101	27.3	0.24	0：42	1.26
	0.4	106	28.6	0.24	0：53	1.18
	0.5	107	28.9	0.24	1：03	1.13
2a	0.3	144	38.9	0.33	0：40	1.55
	0.4	148	40.0	0.32	0：51	1.45
	0.5	150	40.5	0.32	1：02	1.37
3a	0.3	159	43.0	0.37	0：39	1.61
	0.4	161	43.5	0.37	0：50	1.52
	0.5	162	43.8	0.36	1：02	1.46
5a	0.3	177	47.8	0.42	0：39	1.68
	0.4	178	48.1	0.42	0：50	1.61
	0.5	180	48.6	0.43	1：01	1.56
10a	0.3	191	51.6	0.50	0：39	1.76
	0.4	196	53.0	0.51	0：49	1.71
	0.5	199	53.8	0.51	1：00	1.67

由表4-11可知：相同降雨重现期下，随着雨峰系数的增大，积水时间超10min的节点数略有增加，而研究区域节点的最长积水时间是逐渐减小的。相同雨峰系数下，随着降雨重现期的增大，积水时间超10min的节点数大幅增多，各节点平均积水小时数和区域内

节点最长积水时间均增加，而最大积水发生时刻略有提前。随着降雨重现期的增大，积水节点数增多，积水点的积水时刻提前且积水时间延长，发生城市洪涝的可能性增大。表 4-12 为西安市主城区在 3 年一遇降雨重现期下超 1h 的积水点模拟结果及对应的积水路段。

表 4-12　　　　　　　　　　　　节 点 积 水 结 果 分 析

主要积水点	J234、J214	J17	J27、J12、J7	J137	J209	J26	J357、J305	J354	J194	J308、J346
积水路段	新城广场	公园西巷	西棒子市街	西羊市街	府学巷	迎春巷	东二路	东门	西七路	东七路

由表 4-12 可知：积水路段主要在新城广场、公园西巷、西棒子市街、东二路、东门、东七路等路段，其模拟的结果与研究区域实际积水情况基本一致，表明模型模拟结果较为合理。

（3）管道超载模拟。对不同降雨情景下的管道超载情况进行模拟，模拟结果见表 4-13。

表 4-13　　　　　　　　　　不同降雨情景下管道超载结果

降雨重现期	雨峰系数	满流时间超 10min 的管道数	占总管道数百分比/%	管道平均满流小时/h	管道最长满流时间/h
1a	0.3	205	54.5	0.67	1.90
	0.4	210	55.6	0.63	1.82
	0.5	213	56.3	0.59	1.76
2a	0.3	247	65.3	0.77	2.12
	0.4	253	66.9	0.73	2.04
	0.5	260	68.8	0.70	1.97
3a	0.3	272	72.0	0.84	2.21
	0.4	276	73.0	0.81	2.14
	0.5	277	73.3	0.77	2.07
5a	0.3	287	75.9	0.94	2.35
	0.4	288	76.2	0.89	2.28
	0.5	290	76.7	0.86	2.21
10a	0.3	303	80.1	1.04	2.48
	0.4	306	80.9	0.98	2.42
	0.5	306	80.9	0.95	2.35

由表 4-13 可知：相同降雨重现期下，随着雨峰系数的增大，满流时间超 10min 的管道个数明显增多，而研究区域管道平均满流小时数和管道最长满流时间都是减小的。而雨峰系数相同时，随着降雨重现期的增大，管道满流时间超 10min 的管道个数增多，平均管道满流小时数和管道最长满流时间也是增加的。随着降雨重现期增大，管道满流个数增多，且满流时间延长，城市洪涝发生的可能性增大。

不同降雨情景下不同管径的管道占总超载管道百分比结果如图4-15（a）所示。由图4-15（a）可知，不同降雨情景下超载管道中0.3m管径的管道占比最大，其次为0.8m管径的管道。图4-15（b）为不同降雨情景下不同管径的超载管道占总体同管径管道的百分比。由图4-15（b）可知，在不同降雨情景下，0.3m、0.35m、0.45m、0.7m和1.25m管径的所有管道均发生超载。结合以上模拟结果可知，建议增大0.3m管道的管径，提高城市管网的排水能力，有利于减少城市易涝点。

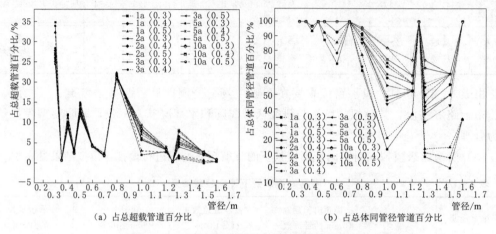

（a）占总超载管道百分比　　　　　　　　（b）占总体同管径管道百分比

图4-15　不同降雨情景下不同管径管道超载

2. 不同城市化水平情景模拟

GB 50014—2006《室外排水设计规范》规定中心城区雨水管渠的设计重现期为3a。因此，在西安市主城区不同城市化水平情景下的径流模拟过程中，降雨重现期选用3a，雨峰系数选用0.4，对上述设置的4种不同城市化水平情景下的城市暴雨洪涝进行模拟，分析不同城市化水平对城市暴雨洪涝的影响。

（1）地表径流模拟。对不同城市化发展水平下的子汇水区径流模拟结果见表4-14。由表4-14可知：城市化水平越高，不渗透百分比越大，则下渗量越少，地表径流增加，径流系数增大，城市洪涝发生概率增加。

表4-14　　　　　　　　　　不同城市化发展水平下子汇水面积径流结果

情景	总降雨量/mm	下渗量/mm	径流量/mm	径流系数	与0%情景相比径流系数变化率/%
+5%	30.69	4.27	24.78	0.81	+6.14
0%	30.69	5.80	23.34	0.76	0.00
-5%	30.69	7.33	21.91	0.71	-6.14
-10%	30.69	8.87	20.47	0.67	-12.30

（2）节点积水模拟。对不同城市化水平下的节点积水进行模拟，结果见表4-15。由表4-15可知：城市化水平越高，不渗透百分比越大，积水节点数越多，积水点的积水时间延长，城市洪涝发生概率增加。

表 4-15   不同城市化水平下节点积水模拟

情景	积水时间超10min节点数	占总节点百分比/%	与0%情景相比积水节点数变化率/%	平均积水时间/h	最长积水小时/h
+5%	168	45.4	+4.3	0.374	1.54
0%	161	43.5	0.0	0.366	1.52
−5%	159	43.0	−1.2	0.357	1.50
−10%	151	40.8	−6.2	0.344	1.49

对不同城市化水平下节点积水变化情况进行模拟，以节点 J181 为例，模拟结果如图 4-16 所示。

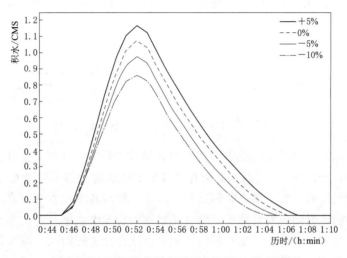

图 4-16　不同城市化水平下节点 J181 积水模拟

由图 4-16 可知：不同情景下，节点 J181 最早于 0：45 出现积水，且积水最晚持续至 1：07，该时间段外的其余时间均未出现积水。当研究区域不渗透百分比减少 10% 时，节点 J181 积水相对少且积水可在短时间内退却；当区域不渗透百分比减少 5% 时，节点存在较短时间的积水且积水量较少；当区域不渗透百分比增加 5% 时，节点 J181 积水持续时间相对较长且积水量较多。总体而言，随着城市化水平不断提高，节点发生积水的可能性增加，积水量增加，积水发生时间提前且积水时间延长。

（3）管道超载情况。对不同城市化水平下的管道超载情况进行模拟，结果见表 4-16。

表 4-16   不同城市发展水平下管道超载结果

情景	满流超10min的管道数	占总管道百分比/%	管道平均满流时间/h	管道满流最长时间/h
+5%	280	74.1	0.82	2.18
0%	276	73.0	0.81	2.14
−5%	272	72.0	0.78	2.11
−10%	262	69.3	0.76	2.07

由表 4-16 可知：城市化水平越高，不渗透百分比越大，管道满流个数越多，管道平均满流时间和最长满流时间均增加，城市洪涝发生概率增加。

对不同城市化水平下的管道满流随时间的变化情况进行模拟，管道能力为 1 时表示管道满流，以 L199 管道为例，模拟结果如图 4-17 所示。

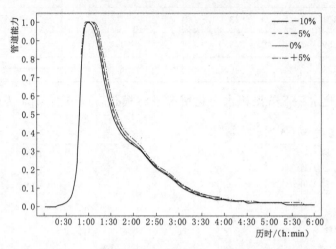

图 4-17　不同城市化水平下 L199 管道能力模拟

由图 4-17 可知：当研究区域不渗透百分比减少 10％时，L199 管道存在短时间满流情况；当不渗透百分比减少 5％时，管道存在较短时间满流；当不渗透百分比增加 5％时，管道满流发生时间提前且管道满流时间延长。因此，随着城市化水平提高，管道发生满流的可能性增加，满流时间提前且延长，增加了城市洪涝发生概率。

在不同城市化水平情景下，随着研究区域不渗透百分比的增大，城市洪涝发生概率增加，需要加强城市暴雨洪涝管理。例如，对不透水性较大的子汇水区进行改造，增加绿地面积、铺设透水地砖等措施。

3. 不同管网水平情景模拟

结果表明：超载管道中 0.3m 管径的管道占比最大，且所有 0.3m 管径的管道均发生超载。因此，为 0.3m 管道的管径设置 4 种情景，分别对 0.3m 管道的管径增加 0.1m、0.2m 和 0.3m，其他参数不变，0m 为对照组。降雨重现期选取 3a，雨峰系数选取 0.4，进行不同管网水平下的城市暴雨洪涝模拟，研究排水管网管径对城市暴雨洪涝影响。

(1) 节点积水模拟。降雨重现期采用 3a，雨峰系数采用 0.4，不同管网水平下节点积水模拟结果见表 4-17。

表 4-17　　　　　　　　　　　　不同管网水平下节点积水结果模拟

情景	积水时间超 10min 的节点数	占总节点数 百分比/％	与 0m 情景相比积水节点数变化率/％	平均积水小时/h	与 0m 情景相比平均积水小时变化率/％
0m	161	43.51	0	0.37	0
+0.1m	155	41.89	−3.7	0.29	−21.4
+0.2m	143	38.65	−11.2	0.25	−31.3
+0.3m	131	35.41	−18.6	0.23	−37.5

由表 4-17 可知：研究区域在 0.3m 管道的管径及在此基础上分别增加 0.1m、0.2m 和 0.3m 的 4 种情景下，随着管径的增大，积水节点数逐渐减少，积水点的平均积水时间减少。

对不同管网水平下节点积水随时间的变化情况进行模拟，以节点 J268 为例，模拟结果如图 4-18 所示。由图 4-18 可知：在 0.3m 管道的管径上分别增加 0.1m、0.2m 和 0.3m 情景下，节点 J268 分别经历了长时间积水且积水量多—较长时间积水且积水量较多—短时间积水且积水量少—无积水的情况，且节点积水发生时间推迟，四种情景下的积水最早发生时间为 0：40，积水时间最晚持续至 1：20。随着管道管径增大，节点积水量和积水时间均减少，且积水开始时间延后，城市暴雨洪涝发生概率降低。

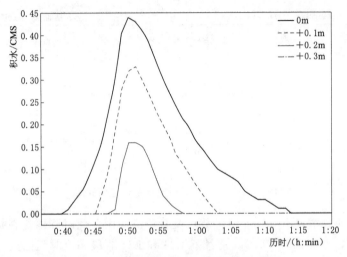

图 4-18　不同管网水平下节点 J268 积水模拟

（2）系统流量模拟。对不同管网水平下管道系统流量进行模拟，结果如图 4-19 所示。由图 4-19 可知：在 0.3m 管道的管径上分别增加 0m、0.1m、0.2m 和 0.3m 的情景下，随着管道管径的增大，管道系统流量增大，流入管道的流量增多，溢流流量减少，发生城市洪涝的可能性降低。

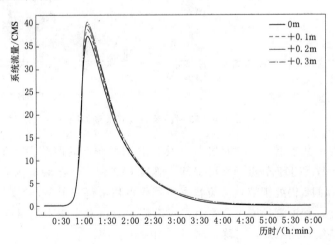

图 4-19　不同管网水平下管道系统流量模拟

　　为了更直观地展示不同管网水平下管道流量的变化情况，选取积水时间较长的节点 J7、排水口 O5 及其之间管段（L29、L31、L38、L39），创建了增加 0m 和 0.3m 情景下的管道剖面图，对管道流量的变化情况进行分析，结果如图 4－20～图 4－22 所示。

　　图 4－20 为两种情景下 0：36 时段节点及管道剖面图，此时降雨强度较小，降雨发生时间较短，降雨逐渐汇入排水管网中，管段流量处于增长过程，增加 0m 情景下 L29 和 L31 管段均已满流，J7 和 J12 节点已发生溢流，而增加 0.3m 情景下各管道均远未达到满流状态。

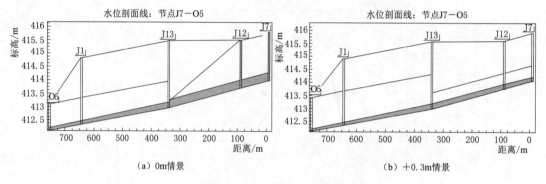

（a）0m 情景　　　　　　　　　　　　（b）＋0.3m 情景

图 4－20　0：36 时段节点及管道剖面图

　　图 4－21 为两种情景下 0：55 时段节点及管道剖面图，此时降雨仍在持续，汇入排水管网的径流量大，增加 0m 和 0.3m 情景下 L29 和 L31 管段满流时间已久，J7 和 J12 积水点满溢出地面形成积水，L38 和 L39 管段内水面升高，且增加 0.3m 情景下管道内流量远大于增加 0m 情景下管道内流量。

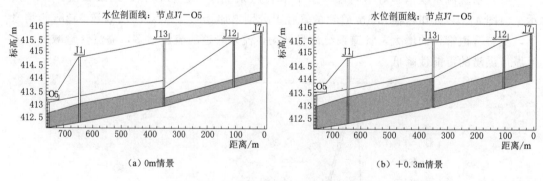

（a）0m 情景　　　　　　　　　　　　（b）＋0.3m 情景

图 4－21　0：55 时段节点及管道剖面图

　　图 4－22 为两种情景下 1：30 时段节点及管道剖面图，此时管段入流量已大大减少，增加 0.3m 情景下 J7 和 J12 节点积水已退却，管段 L29 和 L31 已脱离满流状态，而管段增加 0m 情景下 J7 和 J12 仍处于节点溢流状态，积水点积水仍未退却，管段 L29 和 L31 仍处于满流状态。因此，管道管径增大，管道发生满流和节点发生积水的时间延迟，且管道满流和积水点积水持续时间缩短，可降低城市洪涝发生概率。

　　（3）管道能力模拟。对不同管网水平下的管道能力情况进行模拟，结果见表 4－18。

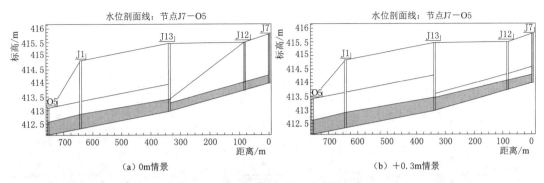

图 4-22   1：30 时段节点及管道剖面图

表 4-18   不同管网水平下管道能力模拟

情景	满流时间超 10min 的管道数	占总管道百分比/%	管道平均满流时间/h	管道满流最长时间/h
0m	276	73.0	0.81	2.14
+0.1m	281	74.3	0.75	2.06
+0.2m	287	75.9	0.72	2.12
+0.3m	282	74.6	0.71	2.20

由表 4-18 可知：当管道分别设定增加 0m、0.1m、0.2m 和 0.3m 的情景，随着管道管径增大，管道的平均满流时间减少，管道满流个数有增有减。因为管径增大导致管道系统流量增多，部分管道因管内流量增多而发生管道满流，而部分管道则因管径增加不会发生满流，故管道满流总个数有增有减。

对不同管网水平下管道满流随时间的变化情况进行分析，管段能力为 1 时表示管道满流，分别以管道 L37 和 L54 为例，管道 L37 管径为 1m，管道 L54 管径为 0.3m，分别为 L37 和 L54 管道的管径增加 0m、0.1m、0.2m 和 0.3m，结果如图 4-23 所示。

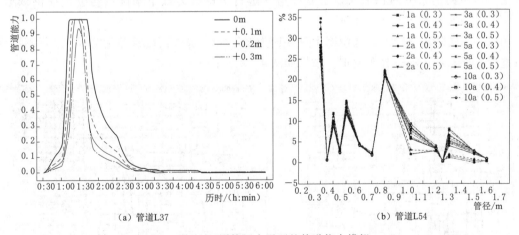

图 4-23   不同管网水平下的管道能力模拟

由图 4-23 可知：当管道管径分别增加 0m、0.1m、0.2m 和 0.3m 的情景下，管道 L37 分别经历了不满流—基本满流—短时间满流—较长时间满流的情况，管道 L54

则分别经历了长时间满流—较长时间满流—短时间满流—不满流的情况，与上述结论一致。

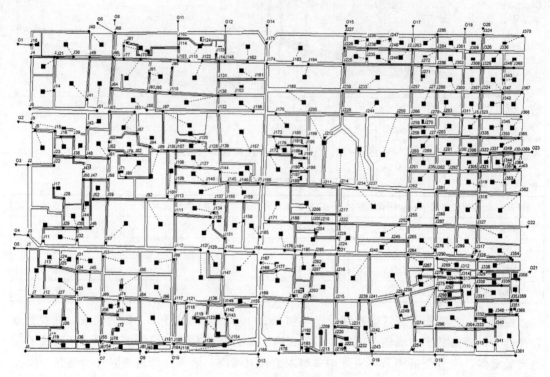

图 4-24 研究区域节点分布图

4. 积水点动态分布模拟

管道的排水量随着时间逐渐增大，直到超过管道排水能力，就会出现溢流甚至产生积水。对不同情景下的积水点动态分布情况进行讨论，为城市暴雨洪涝管理提供依据，图 4-24 为研究区域节点分布图。

（1）不同降雨重现期。选取降雨重现期为 2a、3a，选取雨峰系数为 0.4，进行不同降雨重现期下积水点动态分布模拟，结果如图 4-25～图 4-28 所示。

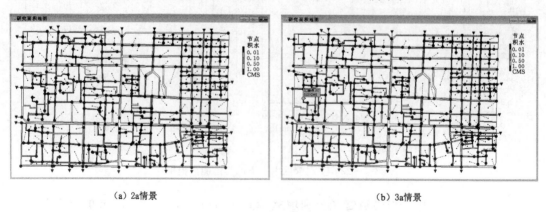

（a）2a 情景 　　　　　　　　　　　　（b）3a 情景

图 4-25　0：33 时段积水点动态分布模拟

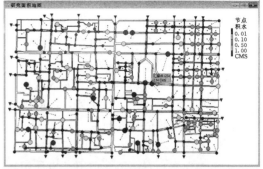

（a）2a情景　　　　　　　　　　　（b）3a情景

图 4-26　0：50 时段积水点动态分布模拟

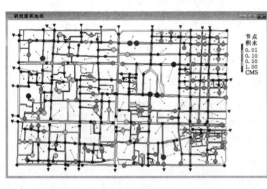
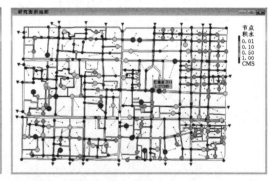

（a）2a情景　　　　　　　　　　　（b）3a情景

图 4-27　0：51 时段积水点动态分布模拟

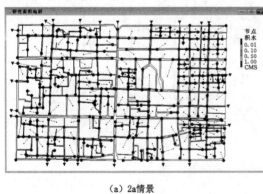
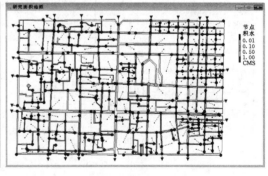

（a）2a情景　　　　　　　　　　　（b）3a情景

图 4-28　2：02 时段积水点动态分布模拟

　　由图 4-25～图 4-28 可知：在 0：33 时段，降雨重现期为 3a 情景下，节点 J17 开始出现小范围积水，而此时降雨重现期为 2a 情景下，研究区域内未出现积水点；在 0：50 时段，降雨重现期为 2a 情景下，大部分节点积水达到其峰值，且 J17、J214 及 J234 等少数节点处出现大范围积水。此时，降雨重现期为 3a 情景下的部分节点未到达其峰值，但出现大范围积水的节点数已经远超 2a 情景下的大范围积水点数。在 0：51 时段，3a 情景下的大部分节点积水达到其峰值，而此时 2a 情景下节点积水量逐渐减少。比较两种情景下积水达到峰值时的积水点数可知，3a 情景下出现大范围积水的节点数多于 2a 情景下的大范围积水点数。在 2：02 时段，3a 情景下的节点 J17、J214 及 J234 仍存在小范围积水，但 2a 情景下的所有节点积水均已退却。

因此，降雨重现期越大，研究区域积水发生时刻越提前，发生大范围积水的节点数越多，且积水持续时间延长。此外，不同降雨重现期下节点积水峰值位置相近，且降雨重现期小的节点积水峰值略提前。

（2）不同雨峰系数。选取降雨重现期为 3a，雨峰系数为 0.3 和 0.4，进行不同雨峰系数下积水点动态分布模拟，模拟结果如图 4-29～图 4-32 所示。

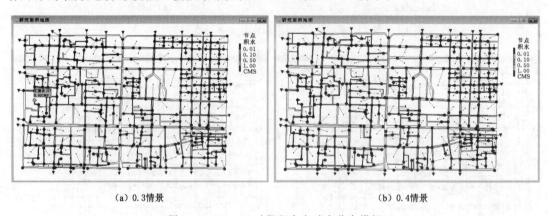

(a) 0.3 情景　　　　　　　　　　　　　(b) 0.4 情景

图 4-29　0：27 时段积水点动态分布模拟

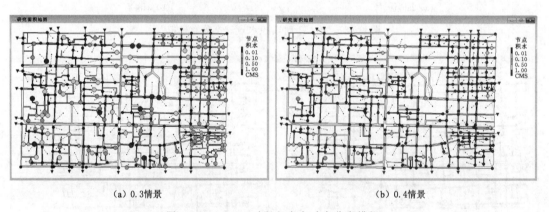

(a) 0.3 情景　　　　　　　　　　　　　(b) 0.4 情景

图 4-30　0：40 时段积水点动态分布模拟

由图 4-29～图 4-32 可知：在 0：27 时段，相同降雨重现期下，雨峰系数为 0.3 时的节点 J17 出现小范围积水，而此时雨峰系数为 0.4 情景下研究区域内未出现积水点；在 0：40 时段，雨峰系数为 0.3 情景下，大部分节点积水达到其峰值，且少数节点处出现大面积积水，而此时雨峰系数为 0.4 情景下仍未有大面积积水点出现；在 0：51 时段，雨峰系数为 0.4 情景下，大部分节点到达其积水峰值，而此时 0.3 情景下各节点处积水逐渐退却。对两种情景下大部分节点积水达到峰值时的积水点数进行比较可知，雨峰系数为 0.4 情景下出现的大范围积水点数略多于 0.3 情景下发生大范围积水的节点数。在 2：02 时

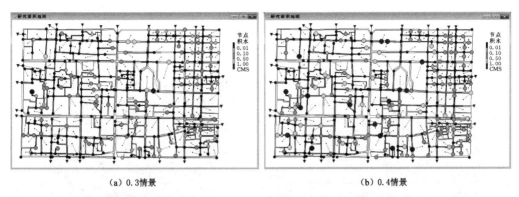

（a）0.3情景　　　　　　　　　　　　（b）0.4情景

图 4-31　0：51 时段积水点动态分布模拟

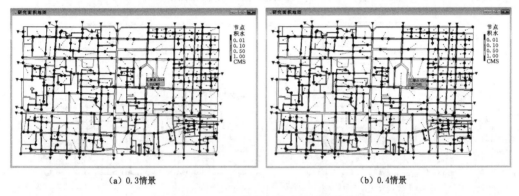

（a）0.3情景　　　　　　　　　　　　（b）0.4情景

图 4-32　2：02 时段积水点动态分布模拟

段，雨峰系数为 0.3 情景下的节点 J17、J214 仍存在小范围积水，0.4 情景下的节点 J17、J214 及 J234 存在小范围积水，2：03 时段两种情景下各节点积水均退却。

因此，同一降雨重现期下，雨峰系数增加，研究区域积水发生时刻延迟，且节点积水峰值延后，出现大范围积水的节点数增多，而节点积水的持续时间大致呈现缩短趋势。

（3）不同城市化水平。以两种不同城市化水平情景为例进行模拟，即为各子汇水区不渗透百分比增加 0% 和减少 10%，其他参数不变，选取降雨重现期为 3 年，雨峰系数选用 0.4，模拟结果如图 4-33～图 4-36 所示。

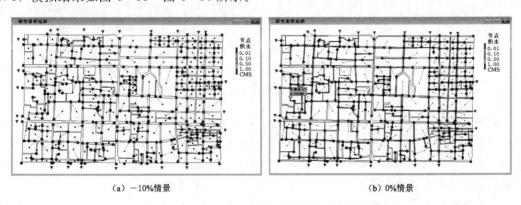

（a）-10%情景　　　　　　　　　　　　（b）0%情景

图 4-33　0：33 时段积水点动态分布模拟

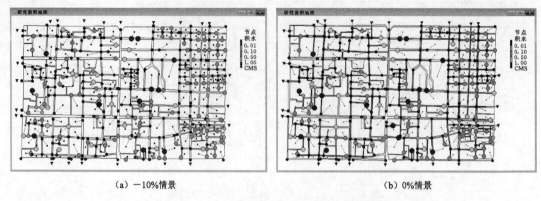

(a) —10%情景   (b) 0%情景

图 4-34 0：51 时段积水点动态分布模拟

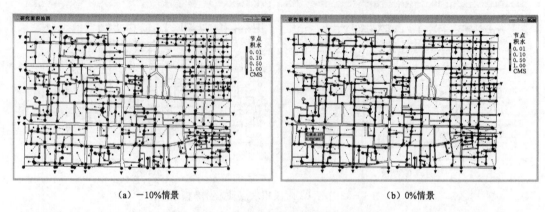

(a) —10%情景   (b) 0%情景

图 4-35 1：48 时段积水点动态分布模拟

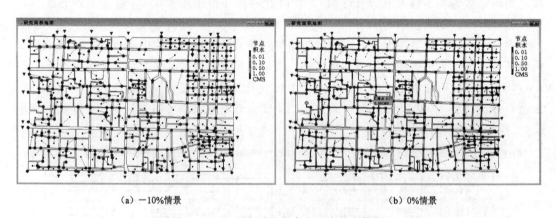

(a) —10%情景   (b) 0%情景

图 4-36 2：02 时段积水点动态分布模拟

    由图 4-33～图 4-36 可知：在 0：33 时段，研究区域子汇水区不透水面积百分比增加 0％的情景下，节点 J17 出现小范围积水，而此时子汇水区不透水面积百分比减少 10％的情景下，未出现积水点；在 0：51 时段，两种情景下的积水点均达到其峰值，且 0％情景下的大范围积水点数大于减少 10％情景下出现大范围积水的节点数；在 1：48 时段，子汇水区不透水面积百分比减少 10％情景下，除节点 J17、J214 及 J234 外，其余节点处已无积水，而 0％情景下，此时仍存在少量积水的节点包括 J17、J137、J214、J234 以及 J27；在 2：02 时段，子汇水区不透水面积百分比减少 10％情景下的各节点处均已无积水，而 0％情景下节点 J17、J214 及 J234 仍存在少量积水。

因此，城市化水平越高，研究区域不渗透百分比增加，节点积水发生时刻提前，大范围积水点数增加，且节点积水持续时间延长，而不同城市化水平下节点积水峰值的位置相同。

（4）不同管网水平。以两种不同管网水平情景为例进行模拟，即为各排水管网管径增加 0m 和 0.3m，其他参数不变，选取降雨重现期为 3 年，雨峰系数选用 0.4，模拟结果如图 4-37～图 4-39 所示。

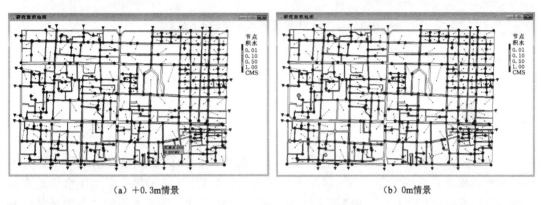

（a）+0.3m 情景　　　　　　　　　　　　（b）0m 情景

图 4-37　0：37 时段积水点动态分布模拟

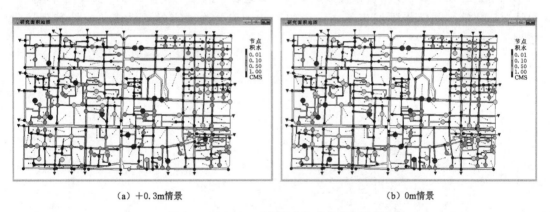

（a）+0.3m 情景　　　　　　　　　　　　（b）0m 情景

图 4-38　0：51 时段积水点动态分布模拟

由图 4-37～图 4-39 可知：在 0：37 时段，各子汇水区排水管网管径增加 0.3m 情景下，只有节点 J242 开始出现小范围积水，而此时管网管径增加 0m 情景下，除节点 J17 较小范围内出现积水外，J7、J27 以及 J86 等节点也出现了小范围积水；在 0：51 时段，两种情景下的积水点均达到其峰值，且管道管径增加 0m 情景下的大范围积水点数大于增加 0.3m 情景下出现大范围积水的节点数；在 1：48 时段，各子汇水区排水管网管径增加 0.3m 情景下，除节点 J137、J214 及 J234 外，其余节点处已无积水，而增加 0m 情景下，节点 J17、J27、J137、J214 及 J234 仍存在少量积水。

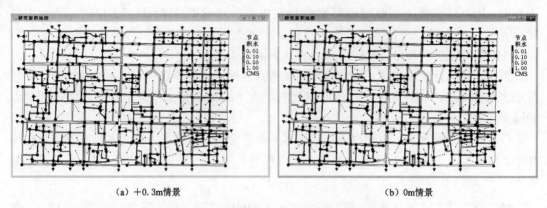

(a) +0.3m情景　　　　　　　　　　　　　　　　(b) 0m情景

图 4-39　1：48 时段积水点动态分布模拟

　　因此，随着管网管径增加，研究区域节点的积水发生时间延后，节点积水的持续时间缩短，且发生大范围积水的节点数减少，而不同管网水平下节点积水峰值的位置相同。

4.5　本章小结

　　本章首先对 SWMM 水动力模型的概念、功能模块、计算原理和建模过程进行了阐述，在此基础上，以西安市典型区域为例，构建了基于 SWMM 的城市暴雨洪涝情景模拟模型，对研究区域的 SWMM 模型进行数据分析、参数设置，设计了不同的模拟情景，并对不同情景的城市暴雨洪涝进行模拟，得到计算地表径流变化、各节点积水以及管道超载等情况，分析不同情景下城市暴雨洪涝的影响因素，为城市暴雨洪涝适应性管理提供依据。

5 城市暴雨洪涝动态监测预警

通过 DIKW 集成模型、5S 集成信息融合技术和按需计算信息融合方法对城市暴雨洪涝多源信息进行融合，结合数字地球、瓦片金字塔、数据缓存等技术，建立城市暴雨洪涝监测预警系统，基于系统提供基础信息、动态监测、模拟仿真、分级预警和辅助决策等应用服务。

5.1 城市暴雨洪涝多源信息融合

通过 DIKW 集成模型、5S 集成技术和多源信息融合对海量、多源、异构数据资源进行处理，结合按需服务的思想，采用金字塔模型、数据缓存等从海量数据中获取数据支撑应用。

5.1.1 DIKW 集成模型

采用可视化描述语言对城市暴雨洪涝监测预警系统流程进行编排，快速组织城市暴雨洪涝管理决策业务进行，在数据层上通过统一访问接口与信息层进行对接，对数据层语义和操作等进行描述形成信息，进一步在知识层和决策过程中形成知识，发挥群体智慧，提供决策服务。将信息和知识集成到城市暴雨洪涝动态监测预警服务中，经过迭代逐步将定性知识转变为定量知识，并将其逐步转变为定量模型，从而更好地提供管理决策服务。DIKW 集成模型包括数据层、信息层、知识层和智慧层 4 个层次，如图 5-1 所示。

（1）数据层：城市暴雨洪涝监测预警系统具有很强的数据依赖性，数据是支持应用服务和管理的基础。DIKW 集成模型的数据层主要包括初始数据和成果数据两类。①初始数据。例如城市暴雨洪涝监测预警系统需要的区域自然、经济与社会数据、基础地理数据、雨水情数据、气象数据、水文数据和防汛历史数据等，它们往往存在于不同的数据库系统中，在城市暴雨洪涝监测预警服务中，可以对异构和分布的数据资源进行集中处理，并将数据资源以组件的形式进行封装，通过统一的应用接口进行访问。②成果数据。即在城市暴雨洪涝监测预警中产生的中间数据，例如监测管理、预警管理以及应急管理产生的数据。在进行 DIKW 集成模型建设时，有很多数据资源难以按照行业标准进行处理，针对此类数据，通过提供统一的数据访问方式，使数据资源上升为信息，有效支持管理应用[94]。

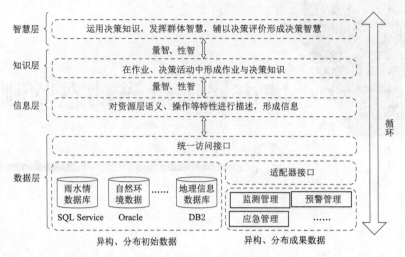

图 5-1　DIKW 集成模型

（2）信息层：信息层介于数据层和知识层的中间，是建立个性化应用的基础。基于数据层赋予数据明确的含义，对与城市暴雨洪涝监测预警相关的数据进行处理、标识和解译，为城市暴雨洪涝管理者提供确切的信息。

（3）知识层：在城市暴雨洪涝监测预警系统中，为了满足管理决策及应用服务的需要，首先对信息进行筛选，针对具体的应用服务组织应用，并提供个性化的应用服务。例如，针对强降雨事件，在城市暴雨洪涝监测预警中，首先需要对降雨事件进行实时跟踪与监测，既可以获取实时的降雨情况，也可以结合历史观测数据对其进行短期或长期的预报，既可以绘制降雨过程线，同时也可以按照强降雨影响的区域获得区域的面雨量值等；其次需要对强降雨事件可能产生的后果进行预估，并制定相应的防汛应急预案。针对应急预案主题，既可以用普通的数据表的方式显示因强降雨事件需要疏散的人员数和安全疏散需要的时间与路线，又可以将历史信息与实时信息相结合，静态信息和动态信息相结合。

（4）智慧层：知识的积累为新知识的产生奠定了基础，在知识库中加入人的思维，通过对已有知识之间的关联或者将旧的知识运用到新的应用服务中，形成新的知识。针对具体的城市暴雨洪涝、管理应用服务，管理者通过对已有知识的集成，选择最优的实施方案，以达到解决问题的目的。

DIKW 集成模型实现了数据集成到信息集成以及信息到知识的转换，通过知识积累产生新的知识，进而得到智慧。随着对变化环境认识的不断加深，DIKW 集成模型不断循环，不断丰富数据层、信息层、知识层和智慧层，为变化环境下城市暴雨洪涝适应性管理提供支撑。

5.1.2　数据集成与管理

1. 5S 集成技术

5S 集成技术是 GIS、GPS、遥感技术（Remote Sensing，RS）、北斗卫星导航系统（BeiDou Navigation Satellite System，BDS）、决策支持系统（Decision Support System，DSS）的简称。其中，GIS 主要用来管理和分析所获取的信息，RS 通过卫星、

航天或航空设备采集海量的遥感影像并提取信息，GPS 和 BDS 对空间信息进行定位并赋予地理坐标，DSS 用于信息的综合分析与辅助决策支持。通过 GIS、GPS、RS、BDS 和 DSS 5 个核心技术的集成建立实时观测地球表面动态变化、综合分析与应用的系统，为各行各业提供了新的观测方法和分析手段。目前 5S 集成技术在地理信息系统建模、多源遥感数据融合、洪涝内涝动态监测、数字水网等方面应用广泛，今后仍具有广阔的发展前景。

（1）GIS 技术。GIS 是在计算机硬、软件环境支持下，进行空间地理数据的采集、存储、管理、分析、显示和应用的计算机系统，能够把地图的视觉可视化效果与空间地理信息分析功能和数据库的操作进行集成[95]。GIS 目前已被广泛应用于资源调查、环境评价、发展规划、交通领域及公共设施管理等领域。例如，在防洪减灾中为防汛指挥提供辅助决策，包括蓄滞洪区、抢险救灾物资储运、移民安置等可视化应用；在水利工程建设管理中实现建设过程三维可视化展示及飞行视察、开挖量及剖面分析、淹没分析及工程施工布置等。GIS 技术已被广泛应用于森林资源调查、农用土地适宜性评价、水气监测、资源环境管理、灾害预警、信息管理系统等方面，并且还可以用于多源、异构水资源数据的组织和管理，GIS 的二次开发及 GIS 和其他技术的集成应用等。

（2）RS 技术。RS 通过航空航天飞机以及卫星等空间传感器，从空中对地面进行远距离观测，并依据地面目标反射或辐射的电磁波，经过图像校正、增强、识别和解译等处理，实时获取大范围的地面地物特征和环境信息等。RS 具有探测范围较大、资料获取速度较快、获取信息量较大等优点，能真实、直观地反映地面特征，同时随着分辨率的提升更加精确的反映地物特征信息。目前，RS 技术已经应用于测绘、水利、农业、地质、气象和环保等领域，其中，在水利行业的应用主要有防洪抗旱的监测评估、水土流失监测评价、水环境的监测及水利工程建设管理等方面。例如，将 RS 技术应用于防洪中可以实现对淹没范围的空间分析和灾害损失评估，在水文分析中可以采用 RS 技术获取降水、蒸散发、径流及土壤含水量等气象水文数据，在流域水土保持治理中可以对土壤侵蚀进行定量分析和对比，在水环境监测中用 RS 技术监测水质变化及水体污染源分布等。

（3）GPS 技术。GPS 通过接受卫星通信信号，提供全天候实时高精度空间位置，具有观测时间短、速度快等特点。目前已经广泛应用于测绘、地质、环境、交通、海洋等领域，主要用于导航、测量、测速以及测时等[96]。GPS 在水利行业主要应用在防汛减灾、水文水资源监控、河道治理开发、水土保持监测及水利工程建设监测等方面，例如，在防汛减灾方面集成 GPS 技术和无线通信技术可以实现险情的实时报警，通过实时定位进行抢险物资安全运输的调度。

（4）BDS 技术。BDS 是我国自行研制的全球卫星导航系统，是继美国的 GPS 和俄罗斯的格洛纳斯卫星导航系统（Global Navigation Satellite System，GLONASS）之后第三个成熟的全球卫星导航系统，是联合国卫星导航委员会认定的供应商。目前，BDS 集成了导航和通信能力，具备定位导航授时、星基地基增强，双报文通信等功能，可为全球用户提供全天候、全天时、高精度的实时定位、导航和授时服务，能够通过多频信号组合使用等方式提高精度定位和授时服务，对实时数据并发处理能力强且覆盖区域广。相比其他卫星导航系统，BDS 的优势在于空间段采用三种轨道卫星组成的混合星座，高轨卫星更多，抗遮挡能力更强，在低纬度地区性能优势更明显，且拥有自主知识产权。采用 BDS 短报文通信功能能够实现城市暴雨洪涝灾害信息的实时传输，BDS 差分定位技术能够应用到洪涝灾害监控和防汛机械调度等方面[97]。

（5）DSS 技术。DSS 以管理学、控制论及运筹学等学科为基础，采用计算机技术、可视化仿真技术和人工智能等技术，通过解决现实中半结构化和非结构化问题，为管理者提供辅助决策功能的人机系统。DSS 在城市暴雨洪涝监测预警中的应用主要提供管理决策服务，针对具体的城市暴雨洪涝事件采用数学模型和方法对其进行描述和定量分析，使决策者能够从不同的视角进行城市暴雨洪涝管理决策。

2. 城市暴雨洪涝监测预警数据集成方案

随着城市暴雨洪涝监测预警管理应用服务的发展，需要大数据量和复杂的数据资源为基础，采用数据集中、联邦数据聚合和快速组件化信息服务等方式对城市暴雨洪涝监测预警数据资源进行集成。

（1）数据集中。根据 DIKW 集成模型，在经过数据抽取、数据转化和数据净化之后存储到标准化数据库中，采用数据集成中间件对位于不同管理部门或者同一个管理部门异构数据库进行处理，对多源异构的数据资源进行迁移和集中，对数据进行标准化处理，之后存储到标准化数据库或者统一的数据资源中心。基于数据集成中间件，根据城市暴雨洪涝监测预警应用的需求，首先设定数据集中的数据源、数据插件，根据可视化查询语言，通过数据集成中间件从远程数据源读取数据，并进行执行写入操作将异构的数据库中数据写入到本地数据库中，最终实现数据的集成。

（2）联邦数据聚合。联邦数据聚合通过将多个数据库集成到一个数据库，不需要对数据进行物理迁移，联邦数据库是城市暴雨洪涝监测预警数据资源的逻辑中心，采用联邦数据库技术将批量和较低访问率的城市暴雨洪涝监测预警数据通过数据映射的方式对数据进行抽象，为城市暴雨洪涝监测预警提供标准的访问接口和完整的逻辑结构。系统采用的联邦数据聚合基于 IBM 公司提出的联邦数据库系统体系结构（Federated Database System，FDS）上实现的。其中，FDS 由面向数据库或者数据源的客户端软件，联邦数据库服务器，联邦数据库以及数据源组成，数据源包括关系数据源和非关系数据源，数据源通过各自的包装器与联邦数据库服务器进行交互，客户端软件可以通过 SQL 查询语言与联邦数据库服务器进行交互，并可以同时向多个数据源发出分布式请求。

（3）快速组件化信息服务。城市暴雨洪涝监测预警服务通常与底层数据资源捆绑在一起，通过把抽象的数据用组件的方式描述成通用的信息，为城市暴雨洪涝监测预警服务提供数据与信息服务。采用组件把数据转化为信息，按照信息组织应用。组件化信息服务模式包括"本地数据源＋组件库服务模式""异地数据源＋数据访问接口＋本地组件库服务模式"和"分布异构数据源＋各地用户服务模式＋服务中心组件库"3 种架构。

3. 城市暴雨洪涝大数据分析服务

城市暴雨洪涝监测预警涉及的大数据主要为实时、动态暴雨洪涝监视数据，以气象监测数据为例，气象中心每天处理的包括雷达、卫星影像以及预报产品等数据量高达几百GB，每年能产生多达 1PB 的新数据，数据量大、类型多样以及更新速度快等具有大数据特点，通过对海量数据的处理、统计和发布为支撑城市暴雨洪涝监测预警服务。针对变化环境下不同类型的城市暴雨洪涝监测预警数据资源，通过大数据流处理、批处理、数据集成等方式对其进行处理。城市暴雨洪涝大数据分析如图5-2所示。

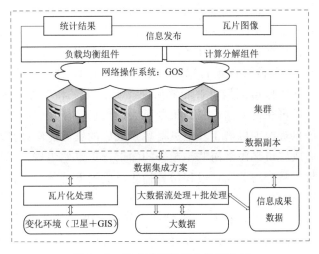

图5-2 城市暴雨洪涝大数据分析

4. 城市暴雨洪涝数据管理中心

采用数据集成、联邦数据聚合和快速组件化信息服务，以及基于大数据统计与发布服务等方法对城市暴雨洪涝监测预警数据进行集成，为提高数据利用效率，提升数据管理服务、异构数据的有效管理提供有力支撑。建立一个标准化的数据管理中心对所有的数据资源进行统一的存储与管理，保持数据更新的同步性和时效性，为城市暴雨洪涝监测预警服务的个性化定制提供基础，降低传统数据库管理系统中普遍存在的数据资源难以管理、数据利用率低等问题。

由于与城市暴雨洪涝相关的数据具有非结构化、分布式、多样性等特点，因此在数据管理中心建设中综合采用异构数据分布式存储与管理、中间件技术等对数据进行深度处理与集成，为服务提供便捷的访问接口。数据管理内容主要包括数据资源和成果资源两类资源。其中，数据资源主要指城市暴雨洪涝监测的雨水情信息、社会经济信息等，先采用数据集成中间件对异构数据进行集成，在此基础上进行统一处理、汇总和存储；成果资源主要包括暴雨洪涝积水点模拟模型结果、预警信息，对此类数据采用组件的方式将数据进行组件化之后再存储。

5.1.3 多源信息融合

城市暴雨洪涝监测预警服务涉及大量数据资源，主要包括区域自然、经济与社会数据、基础地理数据、雨水情数据、气象数据、水文数据和防汛历史数据等，在城市暴雨洪涝监测预警功能模块开发前，需要对其进行集成与融合处理。地理数据通常以纸质或CAD地形图为主，对这些数据进行数字化处理或转换成GIS数据存储到Post GIS等GIS数据库中；雨水情数据经遥测雨量站、遥测水位雨量站和遥测水位站等自动遥测站采集后，通过水利专网存入到数据库中；卫星云图、雷达回波及天气预报等气象数据通过水利专网从相关部门动态获取与存储；防汛基础数据的多源性使得不同类别以及来源的数据通常存储在不同的数据库当中，主要包括自然数据库、水文基础数据库、地理信息数据库等基础数据库和实时雨水情数据库、气象数据库、防汛物资数据库、工情险情数据库、防汛预案数据库等专业数据库。

在数据集成的基础上，根据城市暴雨洪涝监测预警服务需求，选择合适的信息，通过对数据集成后的数据进行有效组织的过程。信息集成过程中，采用网络服务（Web Service，WS）对组件化的数据资源和信息资源进行封装，通过通用描述、发现与集成（UDDI）目录服务对数据资源进行描述，逐步将定性描述的信息转变为定量化描述，形成一个统一的数据互操作访问接口，能够访问图形、文字和多媒体等多种类型的信息，通过可视化平台能够以可视化方法、复用机制对数据信息开展逻辑分析和应用编排，并以流程可视的方式对信息资源加以概化。经过信息集成后的资源能够按照城市暴雨洪涝监测预警的主题服务，形成城市暴雨洪涝监测预警的知识，更好地为城市暴雨洪涝监测预警服务。信息集成包括数据融合与关联、过程信息描述与决策支持等，信息集成的过程包括各种数据模型和应用接口。

（1）数据融合与关联。采用信息集成对城市暴雨洪涝监测预警数据间的关联进行描述，针对城市暴雨洪涝监测预警主题服务对数据进行有机融合，以此应对变化环境下数据资源不确定和动态变化的特征，避免因数据资料变更而引起整个业务应用的重置。通过对多源异构数据资源的有效融合与关联，进一步分析这些数据之间的复杂内部关系和外部关联，并进行数字化处理、流程化描述，通过信息的关联降低不同资源间的复杂性，从而支撑变化环境下城市暴雨洪涝监测预警的动态性。

（2）过程信息描述与决策支持。通过信息集成，实现数据到信息的转换和多源异构信息的集成，并对城市暴雨洪涝监测预警服务在执行过程中产生的中间结果和状态信息进行流程化、可视化的描述，对决策中涉及的演算成果进行验证和反推，以适应城市暴雨洪涝监测预警数据的动态性和不确定性。随着城市暴雨洪涝监测预警服务的增加，对数据全面性、丰富性和可扩展性的要求逐渐增加，通过信息集成提高城市暴雨洪涝监测预警数据的准确性和及时性，辅助城市暴雨洪涝监测预警决策支持系统。

（3）知识积累。采用信息集成实现多源异构城市暴雨洪涝监测预警信息的综合集成，提供一种快速组件化的服务模式，以数据组件作为数据转化为信息的工具，通过组件对外提供信息资源服务，加强对信息主题的分类和信息管理的规范化[98]。深化信息集成，结合变化环境下城市暴雨洪涝监测预警的需求，将知识以知识包的形式进行存储，并对知识包进行分类，组件开发进一步标准化，不断丰富组件库和知识图库，依照主题描述、信息分类组织表达、城市暴雨洪涝监测预警管理流程化和知识可视化，对知识进行积累。基于面向服务体系架构（SOA）建立城市暴雨洪涝监测预警服务组件库和知识图库的发布环境，实现数据、信息和知识的表达、描述与积累。

5.2 城市暴雨洪涝监测预警系统

基于数字地球，综合采用组件化软件开发技术、瓦片金字塔、海量数据缓存等技术，结合城市暴雨洪涝大数据管理、城市暴雨洪涝监测装置、城市暴雨洪涝分级预警装置和网络舆情动态监测，建立城市暴雨洪涝监测预警系统。

5.2.1　系统体系结构

系统由数据层、服务层、应用层和客户层四层构成，如图 5-3 所示。数据层采用信息集成方案对 WorldWind 数据和多源数据进行集成，遵循水利行业和 OGC 规范，对不同数据源的信息进行统一入库与标准化处理。服务层为用户提供数据的标准化互操作环境及开放的组件应用接口。应用层采用模块化思想，对不同的应用分别进行设计，并为用户预留接口，便于后续应用控件的开发。客户层采用客户浏览器、移动服务、Portal 门户及知识可视化平台等实现平台与用户的交互。

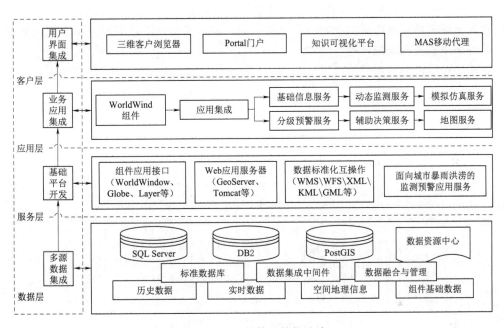

图 5-3　系统体系结构设计

（1）数据层为应用平台提供基础的数据服务，主要包括历史数据、实时数据、空间地理信息和组件基础数据。历史数据主要包括历史暴雨洪涝事件应急应对相关的数据以及历史降雨等数据。实时数据包含实时监测的降雨数据、积水点数据、实时路况数据等。空间地理信息主要包括与暴雨洪涝相关的基础 GIS 数据。组件基础数据主要有 SRTM 高程数据、卫星影像、Modis 数据及高清影像数据等。

（2）服务层是在数据层之上，根据组件提供的应用接口和数据标准化互操作环境，通过应用服务器实现数据层所有数据在平台上的融合，构建应用功能模块的数学模型，支持应用层的开发。系统服务层由地图数据服务和数据抓取服务组成。地图数据服务接收来自应用层发出的空间数据请求服务，返回请求结果；数据抓取服务回应应用层的请求，从外部系统获取/更新数据，交给数据访问层加入本系统。系统服务可利用组件形式部署在多台应用服务器上。基于系统服务的特点，能够将海量数据的访问需求均衡分布给多个服务器，在海量地图数据访问和计算的环境下，提高系统性能，有效解决系统访问瓶颈问题。

（3）应用层由基础信息服务、动态监测服务、模拟仿真服务、分级预警服务、辅助决策服务和地图服务 6 个功能模块，能够展示不同比例尺的三维场景，场景中包括地形、地貌、路况等基础地理数据，还包括周边立交桥、人形天桥、地下通道和道路积水点等低洼易涝点专题信息。同时应用层可以提供基础信息的查询、水利空间数据提取呈现、城市暴雨洪涝情景模拟、动态监测预警以及城市暴雨洪涝事件应急响应等多个功能，为用户提供服务。

（4）客户层是城市暴雨洪涝监测预警系统的最上层，通过多种形式为应用层的不同应用提供人机交互的操作及浏览环境，提供城市暴雨洪涝监测预警系统的用户功能界面。用户通过功能界面能够进行地图浏览与常规操作、空间数据与属性数据查询、城市低洼易涝点的查询、城市暴雨洪涝模拟、预警信息的查询、城市暴雨洪涝预案的展示、系统数据维护、系统环境设置和权限管理等。

系统应用层面向城市暴雨洪涝应用服务提供五大功能模块，每个功能模块下包括若干个具体服务，每个服务通过组件的方式进行开发实现，系统应用层功能模块结构如图 5-4 所示。

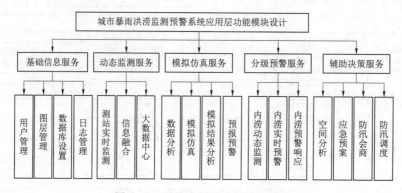

图 5-4 系统应用层功能模块结构

（1）基础信息服务模块主要包括：监控信息查询、基础信息查询、实时水雨情信息查询、河道水情信息查询、实时路况信息查询、应急物资信息查询、积水情况信息查询及其他信息查询。

（2）动态监测服务模块通过实时接入前端气象水文、暴雨洪涝灾害等监测数据，采用数据集成和信息融合等技术构建城市暴雨洪涝大数据中心，为系统的暴雨洪涝预测、预警分级、应急预案生成和应急响应等提供数据资源。

（3）模拟仿真服务模块包括：数据分析、模拟仿真、模拟结果分析和预报预警，可视化展示与分析各子汇水区地表径流变化、节点积水及管道超载等情况，为城市防汛工作及防汛措施的制定提供指导。

（4）分级预警服务模块主要包括：城市暴雨洪涝动态监测、城市暴雨洪涝实时预警和城市暴雨洪涝预警响应，实现对城市暴雨洪涝积水点的动态监测、个性化的分级预警和应急响应，提高城市暴雨洪涝应急应对水平。

（5）辅助决策服务模块是对城市暴雨洪涝预案进行数字化应用、流程化描述和可视化表达，基于系统开展暴雨洪涝应对指挥联动会商，根据预警等级制定应急预案，确定应对方案，提高城市暴雨洪涝应急事件响应速度。

5.2.2 系统关键技术

1. 数字地球基础结构

"数字地球"是指采用空间、高空、低空、地面、遥感、测绘、地球化学或地球物理等各种手段获得海量的数据资源，并用计算机将它们和与之相关的其他数据以及应用模型相结合，为用户提供沉浸式的三维可视化环境。数字地球是 5S 集成技术的综合应用[99]，自提出以来在自然灾害监测和预测、城市规划和建设、城市防洪减灾等领域得到广泛应用。数字地球基础平台在高性能计算环境所提供的计算力支持下，由一系列层次递进的模型框架构成，如图 5 - 5 所示。

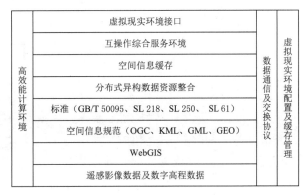

图 5 - 5　数字地球基础平台架构

底层为遥感影像数据及数字高程数据构造出的空间区域内的地形地貌模型，并建立基本的实体要素 3D 仿真和虚拟现实环境；然后通过 WebGIS 与遥感影像的无缝对接，实现 GIS 与遥感影像的对接，增强 GIS 系统的服务效能；融合多种空间信息规范以及水利标准，以瓦片金字塔和数据中间件方式对空间信息资源和业务数据资源进行有效整合，提高数据访问能力；最后在互操作综合服务环境的支撑下面向实际业务应用提供虚拟现实环境接口，以支持城市暴雨洪涝监测预警服务实施。

2. 组件化软件开发

系统的组件化开发能够实现低耦合与高内聚的需要，结合实际应用需求，系统所采用的组件具有对数据集成处理、统一的应用接口、组件与应用相互独立等特点。采用三维地理信息系统 WorldWind 组件作为系统的基础组件，组件主要由模型、视图及事件监听等组成，其框架结构如图 5 - 6 所示。其中，基础模型、图层和纹理影像构成组件的底层应用模型，在此基础上通过视图，对用户视角进行控制，经由视图控制器与应用程序实现交互，应用程序和视图通过框架集成在客户浏览器中进行展现，事件监听器对界面所有的事件进行监听并调用相应程序进行处理。组件开发所需要的数据可以通过 Internet 从远程服务器上获取，也可以直接采用本地化数据和缓存数据进行展示，考虑到城市防洪减灾相关应用的安全性，系统开发时都采用本地化数据。组件的基础数据通过文件方式进行读取，先将 SRTM 数据及影像数据等进行瓦片划分后按照金字塔的文件夹分级目录存储在本地服务器，在发出数据请求时，根据数据瓦片的索引值获取指定的瓦片进行显示。控件的开发通过视图控制器与组件进行交互，每个控件对应一个应用服务，最后采用框架进行封装后在应用窗口进行展示。

组件开发时，首先生成 WorldWindow GLCanvas 模型，在此基础上增加应用图层的管理和数字地形与纹理数据，将模型与基础数据进行有机融合，对每个业务应用所对应的控件进行监听，进而实现模型与不同水利应用之间的交互，最后通过框架技术对组件与应用程序进行封装，用户通过应用窗口对平台相关应用进行操作。

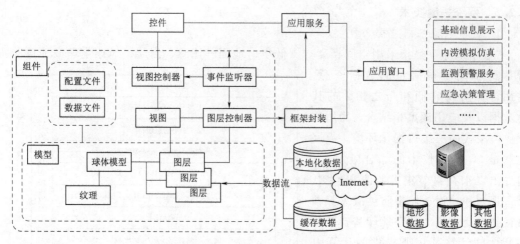

图 5-6　基础组件框架结构

3. 瓦片金字塔技术

采用瓦片金字塔技术搭建城市暴雨洪涝监测预警系统三维可视化环境。瓦片金字塔是指在同一空间参照下，用户根据需要以不同分辨率进行存储与显示，形成分辨率由粗到细、数据量由小到大的金字塔结构。瓦片金字塔包含多个数据层，底层存储的影像数据分辨率最高，从下到上，影像数据分辨率逐渐降低。瓦片影像是各种空间信息、影像信息以及渲染到地球球体模型表面的最小单元，通过瓦片影像能够构造一种多分辨率层次模型，在统一的空间参照下，按分辨率级别建立一组遥感影像或高程数据，将整幅的影像或DEM数据分割成块进行存放，并按照经纬度记录建立子块位置的空间索引，以响应不同分辨率数据的访问和存储需求，通过空间代价换取时间代价，提高数字地球平台三维可视化环境的访问效率。瓦片金字塔所提供的分层数据管理技术，可以轻松实现海量地理数据的组织管理。

在数字地球上瓦片影像是各种空间信息、影像信息以及渲染到地球球体模型表面的最小单元，由固定大小的栅格影像组成，采用一个六元组｛IDX，D，R，W，H，BBOX｝表示。通过瓦片影像能够构造一种多分辨率层次模型，能够在统一的空间参照下，按分辨率级别建立一组遥感影像或高程数据，将整幅的影像或DEM数据分割成块进行存放，并按照经纬度记录建立子块位置的空间索引，以响应不同分辨率数据的访问和存储需求，从而通过空间代价换取时间代价，提高数字地球平台三维可视化环境的访问效率。同时影像金字塔所提供的分层数据管理技术，可以轻松进行海量地理数据的组织管理，实现与数据内容、显示区域无关的多分辨率流畅显示。图5-7所示为西安市碑林区典型区域高清影像数据进行瓦片化后按照经纬度记录建立每个瓦片的空间索引值，实现不同分辨率数据的存储和访问需求，并通过影像金字塔方式提供城市高清地形地貌。

4. 瓦片数据组织管理

（1）瓦片金字塔数据组织。WorldWind采用瓦片金字塔模型对数据进行组织，当用户查看视角变化时，能够缩放到不同的区域对数据进行多分辨率的显示。瓦片金字塔模型是

图 5-7 西安市碑林区典型区域高清影像

一种多分辨率层次模型，它能够在统一的空间参照系下按照不同的分辨率级别建立不同组的高程数据，将整体 DEM 数据进行分块处理，按照经纬度记录建立子块位置的空间索引，以响应不同分辨率数据的访问和存储需求，提高对地形数据的访问效率。在 WorldWind 三维场景构建时，需要满足数据精度和效率的需求，不同区域需要具有多种分辨率的数字高程模型数据与影像数据。当用户将视角固定在某个三维地形窗口时，金字塔模型的数据组织可以使一定视角范围内不同分辨率数据访问量保持一致，从而在减少对数据重复访问的同时，大幅提高应用系统的输入/输出（I/O）执行效率，从而对系统的整体性能进行优化。

构建地形的瓦片金字塔时，通过倍率法形成多个分辨率层次，从底层向上，分辨率依次降低，假设地形数据的初始分辨率为 r_0，金字塔倍率为 n，则第 i 层的分辨率 r_i 为：$r_i = r_0 \times n^i$，当 $n=2$ 时，则 2×2 个像素合成为 1 个上层像素，上一层大小为下一层的 1/4。以 WorldWind 的纹理影像数据为例，设第 l 层的像素矩阵大小为 $pixrsize \times pixcsize$，瓦片大小为 $tilesize \times tilesize$，分辨率为 $resratio$，可以求得瓦片矩阵的大小 $tilermatrix \times tilecmatrix$，其中 $tilermatrix = pixrsize / tilesize$，$tilecmatrix = pixcsize / tilesize$。

对数据进行瓦片化处理时，采用倍数增加的方式构建具有多分辨率层次的瓦片数据集，从最顶层到最底层，瓦片数据的分辨率依次增加。如表 5-1 所示为数据瓦片化处理后瓦片的属性，其中，第 0 层将全球的影像数据划分为 10 列（经度），5 行（纬度），共计 50 个瓦片，瓦片大小为 $36° \times 36°$，瓦片像素大小为 0.07；在此基础上，对第 0 层数据进行 2×2 的细分，得到 200 个 $18° \times 18°$瓦片数据，像素大小减半；依此类推，第 2 层为 800 个 $9° \times 9°$的瓦片数据，第 3 层为 3200 个 $4.5° \times 4.5°$的瓦片数据，最终形成完整的瓦片金字塔[100]。

表 5 - 1 　　　　　　　　　　　　　　　**数 据 瓦 片 化 处 理**

层次	瓦 片 个 数		瓦片总数	瓦 片 大 小		像素大小
n	lons=10 $(n+1)$	lats=5 $(n+1)$	num	lon=360/lons	lat=180/lats	lon/512 or lat/512
Level 0	10	5	50	36	36	0.07
Level 1	20	10	200	18	18	0.035
Level 2	40	20	800	9	9	0.0175
Level 3	80	40	3200	4.5	4.5	0.00875
...						

（2）瓦片金字塔数据存储。WorldWind 为用户提供 TB 级的数据服务，通过瓦片金字塔对海量数据进行划分，并以象元集的形式缓存在本地服务器文件目录中。象元集数据默认存储在本地服务器下 "C：\ Documents and Settings \ All Users \ Application Data \ WorldWindData \ Earth \"，代表的含义为：数据根目录＋数据集名称＋瓦片金字塔等级＋图层序号＋行＋行_列.数据格式，如图 5 - 8 所示。以某高清影像数据为例进行说明，经过划分的瓦片数据存储规则，数据根目录为 \ ImageLayer，在根目录下的一系列文件夹为瓦片金字塔象元集包含的层结构，其中，文件夹名称为所在的层名，在层文件夹下，存储着以象元所在的列为文件夹名称的一系列文件夹，在列文件夹下，包含所有在该列的象元文件，每个文件以列序号_行序号.imageFormat 命名。其中瓦片数据的行号和列号可以根据每个瓦片数据左下角的经纬度值确定，设底层度数为 Degree，则行号＝［纬度值＋90°］/Degree×2^n，列号＝［经度值＋180°]/Degree×2^n。

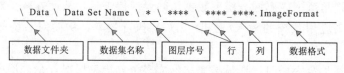

图 5 - 8　数据存储目录结构

（3）瓦片金字塔数据调度。当应用程序发出数据请求时，根据数据存储目录结构对瓦片数据进行调度，应用程序事先获取所需要瓦片数据的行号和列号，若缓存中包括满足条件的瓦片，则直接调用，若没有，则从服务器上下载相应分辨率的数据进行加载和渲染。通过行列号与经纬度值的计算公式，计算出地图在客户浏览器中经纬度坐标，设底层图片大小为 Size，则经度值＝列号×Size/2^n－180°，纬度值＝行号×Size/2^n－90°，从而实现数据的快速请求和精确定位。求取瓦片的经纬度值之后，需要将瓦片加载到指定位置生成三维地形，瓦片的定位核心是 BBOX 的计算，地形瓦片覆盖原理见图 5 - 9。由于地形数据是按照瓦片金字塔进行切割和组织的，在地形生成时，将地形数据投影到指定区域对应的经纬度格网中，便能实现不同分辨率地形数据的无缝拼接。影像纹理数据的处理和调度合成与 DEM 高程数据处理原理一致，图 5 - 10 是影像覆盖到 DEM 上的效果。

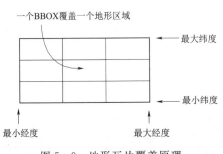

图 5-9　地形瓦片覆盖原理

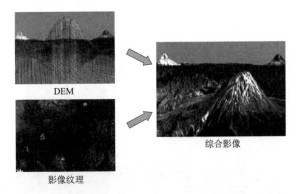

图 5-10　影像纹理与 DEM 映射

（4）数据缓存机制。WorldWind 实现了对海量地形数据与影像数据的科学管理与高效调度，为了进一步提高数据处理的效率，避免网络延迟带来的不便，采用一种缓存机制对数据进行缓存处理。这种组织形式与金字塔瓦片调度算法相对应，应用程序通过当前所在的经纬度和视角可以直接定位到所需调度的瓦片所在缓存的位置，若缓存中存在所请求的数据，则直接读取调用，否则采用 HTTP 协议通过网络进行下载并保存到缓存中。这种缓存策略，便于海量数据的存储，同时其目录结构清晰，一目了然，方便用户进行管理。

缓存数据采用分类分级目录的方式进行管理，默认的主缓存目录路径与瓦片数据存储的目录一致，其下包含有 WorldWind 球体信息、WMS 服务器目录及其他文件，相关地区的目录组织结构与瓦片金字塔模型的分层调度相对应。WorldWind 将所有的瓦片数据存储在指定目录，瓦片的信息从文件存储的目录当中获取，以目录 Earth \ NASA LandSat I3 WMS \ 0 \ 32 \ 32 _ 124. dds 为例，该目录代表的是以 Earth 为地球模型，NASA LandSat I3 WMS 为数据类型，Level 0，第 32 行、124 列的瓦片数据，瓦片数据的格式为 dds。

由于 WorldWind 的数据缓存机制提供了对 WorldWind 自身数据和用户增加的所有数据进行缓存，数据量很大，为了对缓存数据进行科学有效的管理，设计了缓存数据的管理操作界面。通过管理界面能够查看缓存数据集类型、缓存数据的使用情况、大小及不同时段使用的数据量，用户可以根据自身需求及本地服务器的性能，对缓存数据进行删除，缓存数据根目录下共包含 19 类缓存数据集，缓存数据达到 TB 级。通过管理界面，可以清晰获知数据的使用情况，通过设定所需要删除的数据类型和时间，可以对指定的缓存数据集进行有效的管理。

（5）数据按需访问服务。按照城市暴雨洪涝监测预警服务的要求对空间地理数据进行切片处理之后，在统一的空间参照系下按照不同的分辨率级别建立不同组别的金字塔模型，将空间数据进行分块处理，通过经纬度值对每个瓦片数据的空间索引进行记录，根据城市暴雨洪涝监测预警服务在数字地球客户端上发出的数据请求，对缓存的瓦片数据进行检索，提供按需访问服务。经切片处理的瓦片金字塔数据以数据缓存的形式存储在系统应用服务器上，当构建可视化环境时，根据应用服务所在客户端发出的数据请求，数据请求通常以统一标识定位符的形式表示，包括访问的瓦片数据的大小、类型和其所在的存储目录等属性，应用程序根据统一标识定位符参数对缓存中的瓦片金字塔数据集进行检索，获取应用服务所需的瓦片数据，根据瓦片数据所在的存储目录，计算瓦片数据空间经纬度值，以网络地图服务的方式将不同分辨率的瓦片数据按需透明叠加到水利数字地球的指定位置，为城市暴雨洪涝监测预警服务提供可视化服务环境。如图 5-11 所示为影像数据按需访问的瓦片数据层次目录。

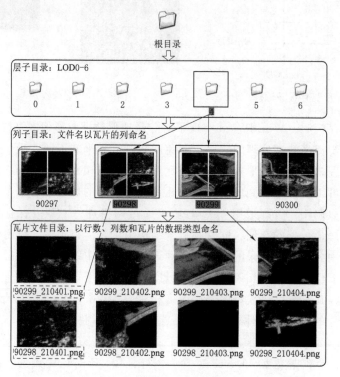

图 5-11　影像数据瓦片层次示例

5.2.3　监测预警体系

1. 城市暴雨洪涝大数据处理模式

大数据（Big Data）、无线网络和智能化生产被统称为新时代的三大技术革命，大数据因其海量的数据中隐含有价值的信息，在当前数据复杂程度和处理难度增大的情况下受到广泛关注。大数据理论自提出以来受到政府、工业及金融等多行业的广泛关注。大数据技术应用于城市暴雨洪涝大数据中心建设和舆情数据挖掘等业务中。

大数据主要架构包括并行数据库、MapReduce 以及两者的有机结合。并行数据库通过对数据处理技术和算法的集成，具有高可用性和高性能特征，对外通过关系数据库提供数据的访问服务，同时关系数据库因其结构简单和易于操作等特点使得很多商业软件与并行数据库具有很好的兼容性。MapReduce 是面向大数据处理的编程模型结构，数据处理接口健壮，能够有效隐藏对大规模数据的并行处理、容错机制和负载均衡等操作。MapReduce 在数据处理过程中将其抽象成映射（Map）—化简（Reduce）操作算子，前者对数据执行过滤操作，后者对数据进行聚集，两者能够处理复杂的数据。

城市暴雨洪涝大数据在数据规模、处理对象、管理工具以及数据和模式的关系上，均与传统对水利数据的管理方式不同，传统基于经验、理论和计算的科学研究范式已经不能满足变化环境下城市暴雨洪涝大数据管理的应用需求，以数据处理为核心的第 4 种范式为城市暴雨洪涝大数据资源的处理与利用提供了新的科学研究范式。城市暴雨洪涝大数据的处理采用流处理和批处理两种模式，前者对数据进行直接处理，后者先对数据进行存储后再处理。

（1）流处理（Stream Processing，SP）模式假定源源不断产生新的数据为数据流，新的数据在产生的同时进行分析并返回结果，满足数据和结果分析的实时性，SP 模式在对数据进行实时处理时响应时间极短，基本通过内存中的概要数据结构实现。通过无线传感器、无线视频监控系统以及自动测报系统等自动化监测设备源源不断产生大量的暴雨洪涝动态观测数据，采用 SP 模式对海量的监测数据进行处理和分析，并将分析结果近实时传送到数据中心，为城市暴雨洪涝监测预警提供支撑，基于大数据的城市暴雨洪涝数据流处理模式如图 5-12 所示。

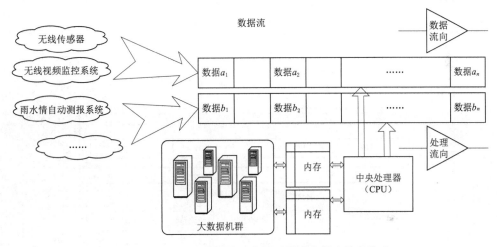

图 5-12　基于大数据的城市暴雨洪涝数据流处理模式

（2）城市暴雨洪涝大数据的批处理模式（Batch Processing，BP）典型的应用是 MapReduce 编程模型，首先将需要处理的数据源分割成一系列细小且具有独立单元的切片，用户根据实际的应用需求形成自定义的 Master 对 Map-Reduce 操作算子进行操纵与调度。按照数据处理的流程，Master 先将不同的数据切片分配给不同的 Map 任务，Map 工作区中不同的任务首先对获取的输入数据切片按照键（Key）—值（Value）的规则进行预处理，然后采用自定义的 Map 任务内置函数对数据进行处理得到中间数据，并将所有中间数据通过写入操作以存储在本地化硬盘。此后，Master 将本地存储的中间数据经过优化调度，分配给不同的 Reduce 任务，Reduce 操作在获取到相应的中间数据之后按照键的顺序对其进行排序，并最终将输出结果返回给用户，完成对海量数据的处理过程。基于大数据的城市暴雨洪涝数据批处理模式如图 5-13 所示。

2. 城市暴雨洪涝大数据处理流程

基于以上大数据的相关理论知识，建立了基于大数据的海量、多源、异构的城市暴雨洪涝大数据处理流程，主要包括城市暴雨洪涝大数据资源、城市暴雨洪涝大数据处理与存储、城市暴雨洪涝大数据分析与应用以及城市暴雨洪涝大数据解译 4 个部分，如图 5-14 所示。

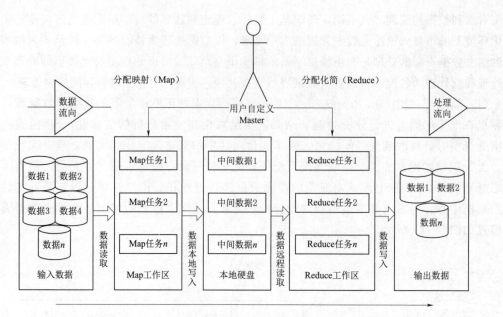

图 5-13 基于大数据的城市暴雨洪涝数据批处理模式

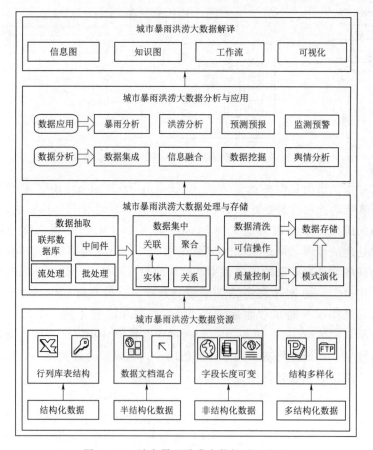

图 5-14 城市暴雨洪涝大数据处理流程

（1）城市暴雨洪涝大数据资源。针对城市暴雨洪涝大数据中不同类型的数据进行分类，包括结构化数据、半结构化数据、非结构化数据和多结构化数据。结构化数据通常采用二维表进行存储，具有标准的行列或者库表结构，例如 Excel 控件和 SQL Server 数据库。非结构化数据存储的数据字段长度不定，主要指的是文档及多媒体数据，例如 HTML 和 XML 标记语言，图片、音频、视频等多媒体数据。半结构化数据介于结构化和非结构化数据两者之间，通常表现为自描述的数据与文档有机整合，例如 HTML 网站文档、Web 服务等。多结构化数据呈现多样化的结构，同时包括多种结构的数据样式。

（2）城市暴雨洪涝大数据处理与存储。城市暴雨洪涝大数据具有样式多样以及结构复杂等特点，在对数据资源进行分析和应用之前，首先需要对异构的数据资源进行抽取、集成和清洗，数据抽取的方法有流处理、批处理、联邦数据库、中间件以及搜索引擎等。经抽取得到数据源的实体和关系，并采用关联和聚合操作对数据进行集中，然后采取质量控制处理和可信操作对数据进行清洗，同时根据大数据理论中"先有数据再有模式"的特点，基于数据得到数据的模式，最后将处理过的数据和数据模式进行存储。

（3）城市暴雨洪涝大数据分析与应用。城市暴雨洪涝大数据的分析是城市暴雨洪涝大数据处理流程的关键组成部分，在分析结果基础上进行应用是大数据的价值所在，经过对数据的清洗能够去除一部分数据噪声。在此基础上，结合应用需求，首先对数据进行整理统计，分门别类，对符合应用要求的数据进行集成，然后采用机器学习和数据挖掘算法对数据进行分析，同时考虑算法的精度、时效性和扩展性。以城市暴雨洪涝应对为例，对获取的海量、实时的降雨、径流量及下垫面情况等数据，经过数据抽取、集中、清洗和分析，为城市暴雨洪涝事件的分析、监测预警、模拟仿真和舆情分析等提供数据服务。

（4）城市暴雨洪涝大数据解译。采用信息流、工作流、知识图和可视化等直观的描述方法展现城市暴雨洪涝大数据的分析结果，其不同于传统以数据文本展现为主的解译方式，大数据解译所采用的方法具有人机交互、动态性、形象化同时能够适应变化环境要求等特征。

支撑适应性调控的城市暴雨洪涝大数据中心，比传统意义上的数据中心处理和存储的数据在数量上更大，在结构上更复杂，在模式上更先进，具有更好的效率，城市暴雨洪涝大数据中心一方面是对传统数据中心在功能和应用上的扩展，同时也是水利信息化顺应当前大数据时代发展而产生的新生事物，能够为变化环境下城市暴雨洪涝应对提供多源、异构、时效性好和精度高的基础数据资源。

3. 城市暴雨洪涝监测装置

为了准确反映城市暴雨洪涝监测情况，需要建立完善的监测网络。依托北斗卫星构建"天地空"一体化监测体系，如图 5-15 所示。"天"指将北斗监测站点自动采集的水位、降水量等数据通过北斗卫星短报文进行传输，经过数据解析清洗后传输到数据中心，经数据中心接收处理后形成实时监测数据资源。"地"指通过科学合理布设水位、雨量、流量等自动监测设备，配合已有监测系统，形成城市暴雨洪涝监测网。"空"指将遥感影像和无人机航拍图等进行拼接和瓦片化处理，供预警系统和应急管理三维可视化环境使用。

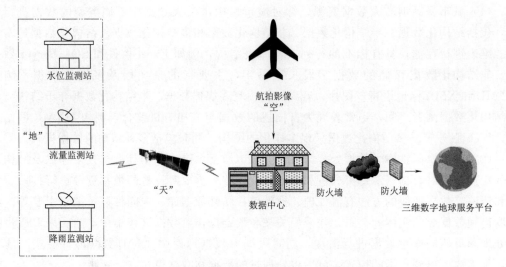

图 5-15　城市暴雨洪涝"天地空"一体化监测体系

监测装置结构设计。北斗卫星导航系统是我国自主研发、具有独立知识产权的卫星导航系统，可为用户提供全天候、全天时、高分辨率的定位、导航和授时服务，目前北斗技术及相关产品已在交通运输、救灾减灾等多个领域得到应用。城市暴雨洪涝事件的科学应对需要前端实时监测数据的支持，将北斗技术应用到城市暴雨洪涝相关数据监测中，开展城市低洼地带等易涝点的全天候监测，解决了现有监测装置数据传输上存在滞后性，并且数据传输受到外界环境影响较大的问题。该装置简易结构如图 5-16 所示，北斗卫星通过北斗双向短报文通信和定位协议分别与自动监测模块、手动监测模块和数据管理模块连接。手动监测模块为内部设置有位移传感器的北斗手持终端，自动监测模块位于城市内涝监测点。将北斗技术应用到城市内涝监测中，将自动监测模块和手动监测模块相结合，基于"天地空"一体化监测体系，采用北斗自动监测和手动监测结合的方式，能够实时监测城市暴雨洪涝相关数据，为城市暴雨洪涝分级预警和应急应对提供全面、准确、实时的数据支撑。通过北斗卫星进行监测数据的通信和传输，能够提供全天候、高精度和多维度的城市暴雨洪涝监测数据，为城市防汛办提供及时、准确和全面的监测数据支持，为城市暴雨洪涝应急应对服务。

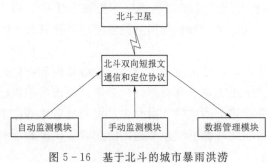

图 5-16　基于北斗的城市暴雨洪涝
监测装置简易结构

4. 城市暴雨洪涝分级预警装置

现有的监测预警平台仍以数据的汇集为主，缺乏对监测数据的深度分析和预警信息的分级管理，尤其是目前仍难以向城市防汛办和社会公众快速提供城市暴雨和积涝分级预警信息服务。通过对雨量和水位等监测数据的深度分析，构建出一套城市暴雨洪涝分级预警装置及预警方法，为城市防汛办和社会公众提供个性化的暴雨洪涝分级预警信息服务。

如图 5-17 所示，城市暴雨洪涝分级预警装
置包括：数据采集模块、单片机控制板、太阳能
供电模块以及预警信息服务模块，单片机控制板
与数据采集模块、太阳能供电模块有线连接，单
片机控制板与预警信息服务模块通信连接。其中，
数据采集模块包括雨量传感器和水位传感器，单
片机控制板分别通过可扩展接口与雨量传感器和
水位传感器有线连接。太阳能供电模块包括太阳
能电池板、太阳能控制器、太阳能蓄电池，太阳
能电池板、太阳能控制器、太阳能蓄电池依次连
接，太阳能蓄电池与单片机控制板有线连接。预
警信息服务模块包括云服务器、手机终端，单片
机控制板通过 GPRS/GSM 通信网络与云服务器

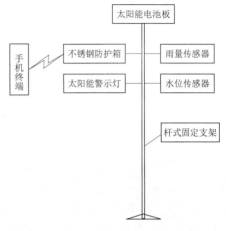

图 5-17 城市暴雨洪涝分级预警装置结构

无线连接，云服务器与手机终端通信连接。雨量传感器、水位传感器、太阳能电池板、不
锈钢防护箱、太阳能警示灯通过抱箍设置在固定支架上。

城市暴雨和积涝分级预警装置的预警方法具体步骤如下：

（1）单片机控制板根据设定好的采样时间，对数据采集模块发送采样指令，数据采集
模块采集雨量、水位数据并将数字信号传输给单片机控制板。

（2）单片机控制板接收到数字信号之后，对接收到的雨量、水位数据进行处理，并将
处理后的数字信号发送至预警信息服务模块的太阳能警示灯进行报警，同时单片机控制板
直接将接收到的数字信号传输到预警信息服务模块的云服务器，云服务器对数字信号进行
处理并分级报警。单片机控制板接收到雨量和水位数据后，将雨量值和水位值作为单片机
控制板电路的输入，单片机控制板中央处理器对雨量值和水位值进行数据处理，即当雨量
值或水位值超过警示阈值时，将雨量值或水位值转换成高电平数字信号，并通过 I/O 接口
传给太阳能警示灯发出警报；当雨量值或水位值不大于警示阈值时，中央处理器将雨量值
和水位值转换成低电平数字信号，并通过 I/O 接口传给太阳能警示灯不发出警报。

云服务器将接收到的雨量和水位数字信号作为输入变量，对其进行分级处理，输出为
暴雨、积涝的分级预警信号。其中 RA 为雨量值，RA_{12} 为持续 12h 的雨量值，RA_6 为持续
6h 的雨量值，RA_3 为持续 3h 的雨量值，WL 为水位值，WL_5 为持续 5min 的水位值。雨量
分级处理过程和水位数据分级处理过程如图 5-18 和图 5-19 所示。

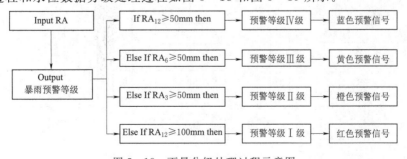

图 5-18 雨量分级处理过程示意图

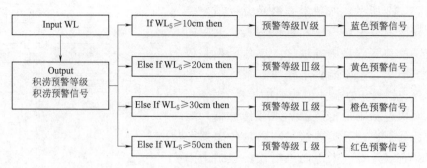

图 5-19 水位数据分级处理过程示意图

以上 RA 和 WL 的参考取值以西安市为例，当 12h RA 达到 50mm 时，输出预警信号为一般（Ⅳ级），用蓝色表示；当 6h RA 达到 50mm 时，输出预警信号为较重（Ⅲ级），用黄色表示；当 3h RA 达到 50mm 时，输出预警信号为严重（Ⅱ级），用橙色表示；当 12h RA 达到 100mm 时，输出预警信号为特别严重（Ⅰ级），用红色表示。

WL 分级参考取值以西安市东郊仁厚庄南路积水点为例，当持续 5min WL 达到 10cm 时，输出预警信号为一般（Ⅳ级），用蓝色表示；当持续 5min WL 达到 20cm 时，输出预警信号为较重（Ⅲ级），用黄色表示；当持续 5min WL 达到 30cm 时，输出预警信号为严重（Ⅱ级），用橙色表示；当持续 5min WL 达到 50cm 时，输出预警信号为特别严重（Ⅰ级），用红色表示。

城市暴雨和积涝分级预警装置通过雨量传感器和水位传感器进行雨量、水位数据的自动化监测和采集，采用单片机控制板进行监测数据的传输和分析，采用一体化固定支架，易于安装，采用太阳能警示灯和手机终端等多种方式为城市防汛办公室和社会公众提供准确、多元和及时的预警服务，提前做好应急响应和应对措施，最大限度减少城市暴雨和积涝灾害损失和人员伤亡，具有广泛应用前景。城市暴雨和积涝分级预警装置的预警方法采用公网进行组网，综合 4G/5G 网络、GPRS/GSM 通信等多种方式实现监测数据和分级预警信号的实时通信和传输，采用云服务器进行监测数据的深度分析和分级处理，生成暴雨和积涝的分级预警信号，避免传统预警信息的滞后性和单一性，为城市防汛办公室尤其是社会公众提供及时的分级预警服务，填补目前市场空白，推进智慧城市建设。城市暴雨洪涝分级预警装置功能模块如图 5-20 所示。

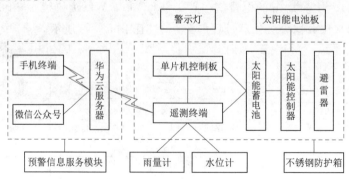

图 5-20 城市暴雨洪涝分级预警装置功能模块

5. 城市暴雨洪涝网络舆情动态监测

采用大数据技术对城市暴雨洪涝网络舆情进行动态监测，采用网络爬虫等数据挖掘方法动态采集城市暴雨洪涝舆情数据，深度分析舆情热度演变趋势、关注要点和情感倾向。以"2020.07.10"西安市暴雨事件为案例分析城市暴雨洪涝事件舆情传播特征，揭示其动态演化机理。结果表明：舆情高发时间段与暴雨洪涝多发期较为吻合，舆情热度与城市暴雨洪涝事件的影响程度呈正相关。社会对于城市暴雨洪涝重点关注内容为城市排水管网的建设、暴雨洪涝灾情及救援进展。城市暴雨洪涝事件舆情演变过程经历了潜伏期、爆发期、蔓延期、反复期及消退期5个阶段，舆情参与者在不同阶段作用机理动态变化。根据舆情演变特征提出相应对策，为城市暴雨洪涝事件舆情应对提供决策支持。

以城市暴雨洪涝事件为研究对象，基于大数据对舆情进行动态监测，实时掌握舆情动态并分析其演化机理。采用数据挖掘技术获取城市暴雨洪涝全网舆情大数据，分别从舆情的热度演变趋势、关注要点、情感倾向的角度进行深度分析，采用内容分析法确定目前城市暴雨洪涝舆情的特征及演化机理，对城市暴雨洪涝事件中的舆情进行定性定量相结合的系统分析，为城市暴雨洪涝事件舆情引导提供决策支持。

（1）数据来源及数据获取。百度指数（http://index.baidu.com）以网民在百度的搜索量为数据基础，以关键词为统计对象，计算该关键词在百度网页搜索中的搜索频次的加权，可反映在某时间段内互联网用户对一个关键词的关注程度及持续变化情况。采用2011年1月—2019年1月期间的417个时间点，关键词为"内涝"的百度指数分析城市暴雨洪涝关注度的总体变化趋势。为了分析百度指数与降雨量之间关系，采用2011—2018年全国月降雨天数作为降雨程度的指标进行相关分析，该数据由 Climatic Research Unit Country file 提供。采用网络爬虫数据挖掘技术及微博 API 进一步分析城市暴雨洪涝事件的舆情关注热点、情绪变化及演化机理。

基于网络爬虫技术的全网数据获取。网络爬虫是一种有效获取网络数据，并经过分析处理得到所需信息的计算机技术[101]。网络中时刻都在产生大量数据，采用网络爬虫技术动态获取新网页中产生的信息。采用 Python 语言实现网络爬虫，利用 Scrapy 爬虫框架下载网页，并借用 Beautiful Soup 对网页抓取后的文件进行处理。Scrapy 爬虫框架及工作流程如图 5-21 所示。

基于微博 API 的微博数据获取。新浪微博为第三方提供了开放的 API 供开发者使用，通过 API 可以实现多类型终端的社会化接入、外部网站引入、商业化服务和微博用户数据获取[102]。数据来源包括微博官方媒体及高影响力用户，利用微博接口获取文本信息，评论接口获取网民对事件的观点内容，将获得的数据存储于服务器中完成 API 调用。具体流程如图 5-22 所示。

舆情信息主要为一些非结构化数据，文本信息是舆情热点主要来源，在探究舆情关键词及情感倾向时主要使用到文本信息，由于其非结构特点在分析之前需要进行预处理。包括文本过滤、文本分词、停用词过滤等关键方法[103]。由爬虫采集到的文本信息中包含许多特殊符号，采用 Python 程序语句将文本中的特殊符号进行过滤。将过滤后的文本使用 Python 分词组件对文本和停用词进行处理和过滤，最终得到与城市暴雨洪涝舆情信息相关词语，再结合统计方法对词频进行统计，用于关键词及情感倾向分析。

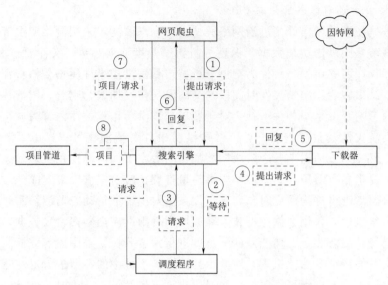

图 5-21   Scrapy 爬虫框架及工作流程

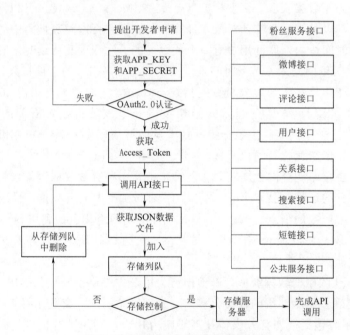

图 5-22   微博 API 获取数据流程图

（2）城市暴雨洪涝百度指数变化趋势。百度指数是分析某一关键词总体关注趋势的有效指标，使用百度指数分析内涝舆情的变化趋势。如图 5-23 所示，从 2011 年 1 月—2019 年 1 月"内涝"一词的百度指数趋势图中可以看出，公众对"内涝"一词的搜索持续发生，且搜索高峰期集中于每年的 5—8 月。我国特殊的地理气候条件使得暴雨多发于每年的 5—9 月，6—8 月更为频发，因此可以得出公众关注高峰期与暴雨高发期相重合。从图中进一步分析，每一阶段的峰值都对应一次较大的暴雨洪涝事件。例如，2016 年 7 月 4—10 日源于"尼伯特"影响，导致多地区受难，百度指数为 1123（E 点），达到近八年的最高值。除峰值外，年极值（A～D点）也代表当年影响最大的一次内涝事件。从城市暴雨洪涝百度指数变化趋势的各阶段峰值波动来看，舆情热度与降雨总量呈正相关关系。

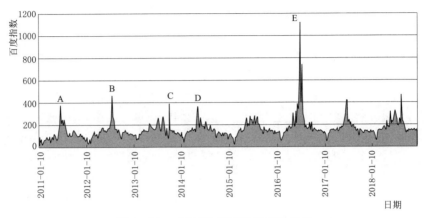

图 5 - 23 "内涝"百度指数变化趋势

采用线性相关的方法进一步分析网络舆情热度与降雨之间关系，其中舆情热度用百度指数表示，根据图中的百度指数计算 2011 年 1 月—2018 年 12 月每月平均百度指数。由于百度指数所涉及的搜索范围为全国，因此降雨总量用 2011—2018 年全国每月降雨天数表示。从图 5 - 24 中可以看出，百度指数与每个月降雨天数变化趋势和波动起伏的时间点大致相同，每个月降雨天数较多则发生内涝的可能性也增加，而百度指数也同样增加，说明公众对于内涝的关注度与降雨量相关性较大。

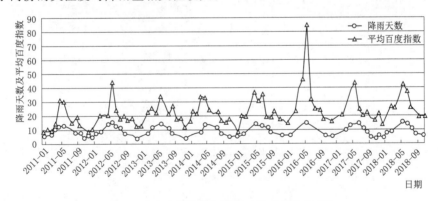

图 5 - 24 百度指数与降雨天数变化趋势对比

根据图 5 - 25 中相关性分析可以看出，百度指数与降雨天数相关系数为 0.72，呈较显著正相关。

（3）城市暴雨洪涝舆情关键词分布。对数据进行过滤、分词等预处理后，得到城市内涝舆情关键词及频次，在 Python 的 gensim 模块下使用 Word2vec 对关键词进行聚类分析[104]，该方法将词语转化为词向量，训练后掌握上下文及语义，衡量词与词之间的相似性以实现关键词聚类，通过聚类可以直观地显示公众的关注热点及舆论导向。聚类结果显示将关键词分为 3 类，聚类名称分别为海绵城市、暴雨、发展建设。全网有关城市内涝的

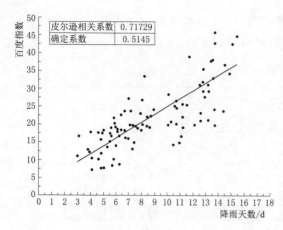

图 5-25 百度指数与降雨天数相关性分析

关键词以"内涝"为核心，在图 5-26 中，城市内涝舆情最多与海绵城市建设主题相关，占 40%，选择该聚类下词频排名前十的高频关键词如图中"城市""生态""海绵""管道"等，表明公民最关注，也是与城市内涝最相关的一个话题。近些年来，由于内涝问题严重，关于海绵城市建设研究是热点话题，城市公民持续关注着海绵城市的建设进展，期待通过这一方法使内涝问题得以解决。同时"强降雨""灾害""暴雨""城区"等聚类二下的高频关键词表明城市内涝事件报道中对内涝灾情演变动态也时刻受到公众关注。从图中可以看出，"设施""规划""能力""风险""责任"等词，体现了公众对于城市内涝治理、发展建设工作、减灾工作的关注与重视，标志着提高监测预测的准确度，增强预警预报的能力，是需要提高和发展的重要方向。

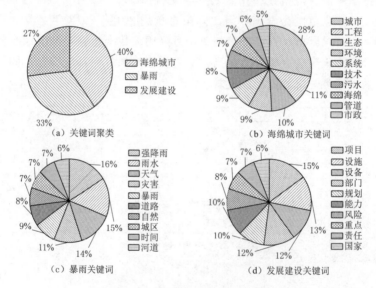

图 5-26 城市内涝舆情关键词

（4）基于舆情的网民情感变化特征。情感变化特征研究旨在分析文本和评论中的公众意见、感受、态度和情绪。提取城市内涝博文下的评论信息，经过预处理，使用 Word2vec 对评论中的词语进行聚类分析[105]。聚类名称分别为城市排水、救援、祈福、灾情以及忧患。根据聚类结果以及各聚类中频次为前十的关键词可以看出，公众对于内涝事件的情感特征主要体现在对内涝灾情的关注，对城市排水管网建设的意见与建议，对救援工作的关心，以及面对城市内涝灾害时的忧患与对安全生活的期望与祈福。从图 5-27 中可以看出，在城市暴雨洪涝事件发生时，公众对于灾情的进展有着密切的关注，该类关键词占所有评论词的 31%，是 5 个聚类中包含关键词最多的一类。"内涝""暴雨""伤亡""损失""受灾"等关键词出现频率较高，表明公众需要官方主流媒体及时发布准确的灾情信息。在城市排水管网建设中高频词有"排水""建设""下水道""排水管"等，表明公众对城市管网建设有更高的要求，对降低城市暴雨洪涝事件所带来的不良影响有着强烈的情感愿望。"救灾""救援队""物资""捐献"等关键词表达人民对救援工作的关注，对救援条件是否完善、救援人员是否安全的关心。"无助""忧患""有心无力"以及"平安""祈福""安好""脱困"充分体现公众对城市内涝这类自然灾害的担忧并迫切希望自然灾害能够减少以使人民安居乐业的美好向往。除此之外，从其他低频词中可以看出，城市暴雨洪涝事件中所存在的负面情绪主要体现在对于城市管网建设的不满，这些不稳定因素十分不利于形成一个稳定而良好的舆论环境，因此对于负面情绪的监测是舆情监管的一大重要任务。

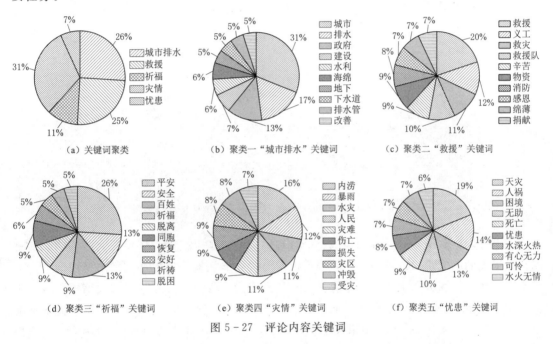

图 5-27　评论内容关键词

（5）城市暴雨洪涝舆情传播特征。城市暴雨洪涝舆情数据是由与城市暴雨洪涝相关的大量单一事件组成，分析单一舆情事件的演变过程，有助于了解城市内涝事件中舆情具体的传播特征。单一事件舆情从发生到结束的整个生命周期内，随着事件的不断发展，在不同时间段表现出的特征不同，以"西安市 2020.7.10 暴雨内涝"事件为例分析关键节点变化型舆情演化机理。西安市气象台 2020 年 7 月 10 日 13 时 45 分发布暴雨橙色预警信号，15 时 10 分西安市北郊已由于降雨量过大导致行人车辆被困。15 时 30 分，一辆劳斯莱斯被困机动车道引起广泛关注，东二环因积水造成双向交通拥堵。16 时 20 分，道路完全变成"河流"。该事件属于灾害型舆情事件，舆情变化过程属于关键节点变化型，以下针对这一事件发生的全生命周期分析灾害类事件舆情演化机理。

关键节点变化型的舆情事件在一开始的数小时内报道数量很少，直至某一阶段受关键节点的影响，才使得事件引发网民热议。本书采集从 2020 年 7 月 10 日 14 时到 2020 年

7月12日17时的全网及微博每小时报道量。经过分析，事件持续期间平均传播速度为13条/h，峰值传播速度为57条/h，事件整个生命周期持续时间为52h，历时较短，但短时间内事件传播速度较快，网民参与度高，关注时段较为集中，但关注持续时间不长。2020年7月10日14时，搜狐新闻发布该消息，进而由新京报、凤凰周刊、凤凰网、网易、新浪等重要媒体对消息进行转发和传播，使舆情信息量迅速增加，在7月10日19时，网民参与度及关注度达到最高值，该时段内有11位网媒、39位微博账号对此内涝灾害进行灾情陈述与讨论，使舆情量达到最高峰，成为该舆情事件的关键节点（图5-28中A点）。在该灾害类舆情事件中，网民的评论多呈消极，表达的态度是对内涝灾害给日常生活带来影响的担忧。

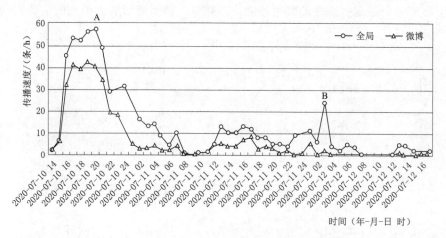

图5-28 "西安市2020.7.10暴雨内涝"事件传播趋势图

该事件网络舆情从开始到结束的整个过程中，经历了潜伏期、爆发期、蔓延期、反复期、消退期的不同阶段。从图5-28中可以看出，在潜伏期，气象部门发出暴雨预警，引发市民关注，但影响范围小，传播媒体少，消息传播速度慢。但互联网大大缩短了新闻传播的时间与空间，使潜伏期存在时间较短，在7月10日14—17时期间，信息传播量逐渐呈上升趋势。7月10日20时报道及公众发表观点的数量达到峰值（图5-28中A点），使舆情处于爆发期，这一时期信息增长快，民众活跃度高，舆情数据迅速增长。在内涝事件发生后的一段时间内，即7月10日20时—7月12日1时，随着网页中重复信息以及微博中转发贴的不断增加，使舆情出现蔓延期。直至7月12日2时，后续报道及评论的出现引发公众再一次的关注热潮，让舆情达到一个较高值（图5-28中B点），此时舆情处于一个反复期。7月12日2时以后，该内涝事件得到应对，并且网民对此没有更多关注时，舆情处于消退期，舆情量逐渐下降，直至消退。

（6）城市暴雨洪涝事件舆情演化机理。在网络舆情的传播过程中，不同发展阶段存在不同参与主体，主要包括舆情触发者、舆情制造者和舆情反应者3种类型。三者在舆情事件不同时间段发挥各自作用，舆情触发者主要是指事件信息的发布者，舆情制造者指对事件发表意见看法或采取现实行动的个体或组织，而舆情反应者则是对舆情采取相应措施的政府及相关部门。根据获取的数据分析得出，城市暴雨洪涝事件网络舆情的主要触发者为新闻网站、微博和报纸等媒体，其用户范围广，数量多，信息传播速度快，因此在舆情潜伏期一旦发布事件报道就会引起广大网民关注，进而产生网络舆情。在城市暴雨洪涝事件中普通网民的评论、点赞等参与活动构成网络舆情制造的主体力量，公众大都只是发表主观性的想法与感受，例如对暴雨洪涝灾害发生情景的恐惧，对抢险救灾人员安全的关心，或对相关工作抱有负面的情绪并提出一些建议，其中热点评论引起的社会共鸣对舆情发展的影响较大，促进舆情的传播，使舆情到达爆发期。在舆情蔓延期，作为舆情反应者的政府及相关部门，通过介入处理灾情，及时发布救灾进展的权威新闻，指导城市居民避灾，以平息舆情的影响力，减弱负面情绪的势头，向公众报告工作进展以安抚民心，提高政府的公信力，使舆情逐渐转向消退期。舆情发展的整个过程中，舆情触发者、制造者和反应者之间的关系如图 5-29 所示。

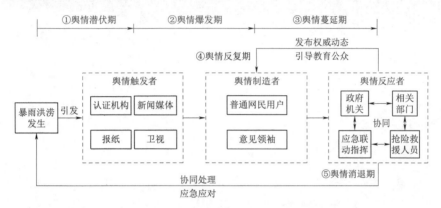

图 5-29 城市暴雨洪涝舆情演化机理

5.3 城市暴雨洪涝监测预警服务

基于三维可视化数字地球，综合采用多种现代信息技术建立城市暴雨洪涝监测预警系统，基于系统提供基础信息服务、动态监测服务、模拟仿真服务、分级预警服务和辅助决策服务，为城市暴雨洪涝适应性管理和科学应对提供技术支撑。

5.3.1 基础信息服务

采用 DIKW 集成模型、数据集成与多源信息融合技术、按需计算方法等技术对海量城市多源暴雨洪涝信息进行处理，基于数字地球可视化环境实现城市暴雨洪涝动态监测。信息查询是一种重要的信息服务模式，快速查询相关数据和信息资源。通过信息的时间、类型、主体等关键字作为检索条件进行信息查询，查询方式分为模糊查询和精确查询两种。

基础信息服务重点实现城市基础地理信息、社会经济状况、暴雨洪涝应对排水设施、防汛人员和物资储备等基础数据资源的展示与分析，对暴雨洪涝基础信息进行查询和计算分析，能够实时查询主要低洼易涝点、排水设施、防汛人员分布和物资储备情况，对应急物资进行优化调配，提高城市防汛应急响应能力。以西安市为例，图 5-30 为西安市各区县气象站点分布，可视化展示了各区县的地理位置、经纬度、年平均降雨、气温、风向、高程、日照时数等气象信息。

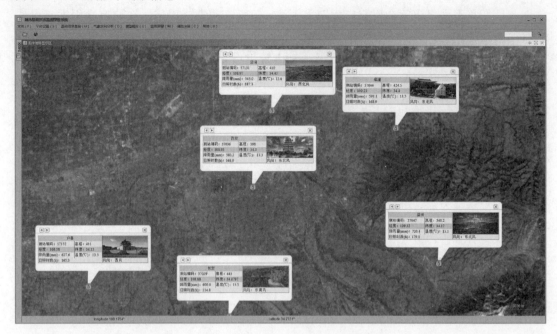

图 5-30　西安市各区县气象站点分布展示

　　图 5-31 是西安市气象信息查询展示分析，功能区面板可根据测站名称、测站编码、开始时间、终止时间和查询类型等条件进行各测站气象查询，查询类型包括年和月降雨、气温、风速、日照时数，查询完成后可直观看到详细的测站气象数据，通过导出按钮可将选择的气象数据导出，展示结果按钮会将已选择的测站气象信息展示在右边的数字地球显

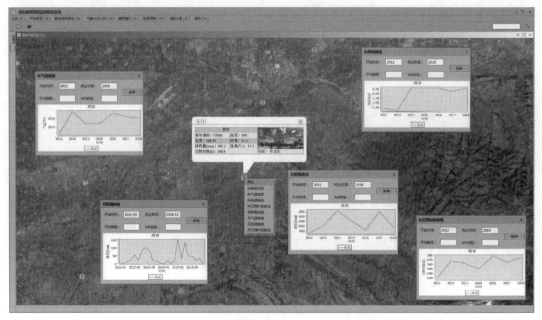

图 5-31　西安市气象信息查询展示分析

示区。数字地球显示区可视化展示了测站地理位置、各气象要素随时间变化曲线图、各气象要素的平均值和采用 Mann - Kendall 检验法分析其发展趋势显著性所计算的结果。在气象要素曲线面板中可通过改变各要素的开始时间和终止时间绘制不同时间段气象要素时间变化曲线图，同时能够计算不同时间段气象要素的平均值和 Mann - Kendall 检验计算结果。

图 5 - 32 为西安市城市基础信息查询展示分析。功能区为城市基础信息，包括建成区面积、排水管网密度、人口密度、绿化率、GDP、PM10、立交桥数等的具体数据。数字地球显示区可视化展示了西安市的地理位置、城市基础信息随时间变化曲线图、各类基础数据的平均值和 Mann - Kendall 检验计算结果，由建成区面积曲线图可知西安市的建成区面积呈显著性增长趋势。

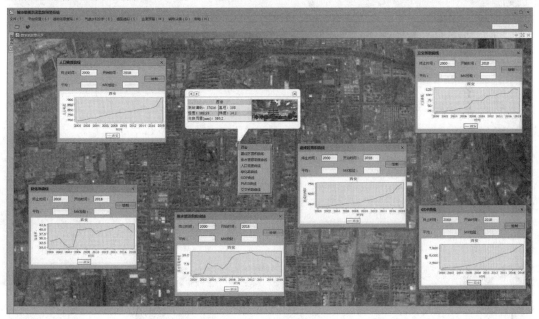

图 5 - 32　西安市城市基础信息查询展示分析

图 5 - 33 为西安市防汛相关信息查询展示分析。通过三维数字地球可直观看到城市主要低洼易涝点、防汛人员和排水设施等物资的分布情况，发生城市暴雨洪涝事件时可直接对人员和物资进行调配，减少了防汛应急和物资调配时间。

5.3.2　动态监测服务

城市暴雨洪涝动态监测服务重点实现对城市暴雨洪涝监测数据的接入，将前端实时采集的数据整合到大数据共享中心，通过系统内部分析模块，快速计算易涝点积水情况，将水利、气象、市政公用等多部门动态数据进行共享和接入城市暴雨洪涝监测预警系统。整合北斗卫星新增监测点和市防汛办已有监测点在积水路段、立交桥下穿隧道、城乡接合部以及地铁口和地下建筑物等低洼易涝点安装的电子监控设备，对市政设施运行、道路积水情况等进行实时监控收集数据。城市暴雨洪涝监测装置将自动监测模块和手动监测模块相结合，通过北斗卫星进行监测数据的通信和传输，避免传统传输手段造成的传输时间滞后

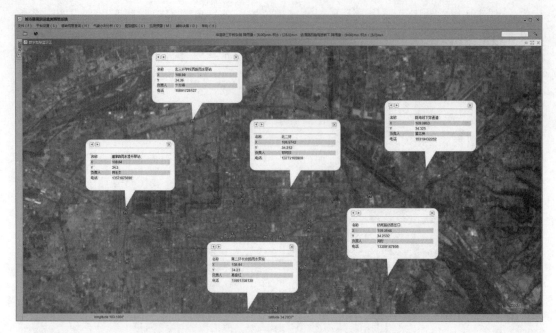

图 5-33 西安市防汛相关信息查询展示分析

和数据缺失等问题，提供全天候、高精度和多维度的城市内涝监测数据，为城市防汛办提供及时、准确和全面的监测数据支持，为城市暴雨洪涝应急应对服务。结合前期调研和数据积累情况，将城市暴雨洪涝监测装置整合的数据资源进行筛选和处理，融合城市气象水文、自然地理、社会经济、洪涝灾害等数据，作为城市暴雨洪涝监测预警基础数据资源。图 5-34 为城市暴雨洪涝监测信息。

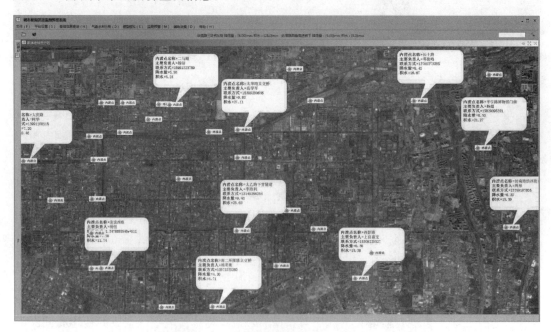

图 5-34 城市暴雨洪涝监测信息展示

5.3.3 模拟仿真服务

模拟仿真服务模块重点是采用应用统计学和大数据等方法对动态监测服务模块整合的数据资源进行分析。将 SWMM 模型与 WorldWind 进行集成开发，在数字地球上进行城市暴雨洪涝模拟仿真，可视化展示与分析各子汇水区地表径流变化、节点积水及管道超载等情况，为城市防汛工作及防汛措施的制定提供指导。在数字地球上加载研究区域排水管网、节点和子汇水区概化图，可视化展示管网、节点和子汇水区详细信息，如图 5 - 35 所示。点击排水管道、节点、子汇水区，可显示其详细信息，点击排水管道显示该管道的名称、经纬度、管径和长度等信息，点击节点显示该节点的名称、经纬度、标高和深度等信息，点击子汇水区显示该子汇水区的名称、经纬度、出水口、不渗透百分比、特征宽度和坡度等信息。

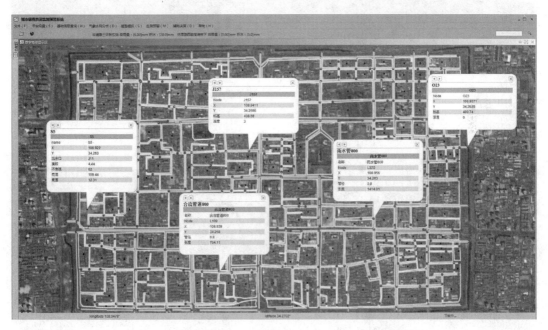

图 5 - 35　研究区域排水管网、节点和子汇水区概化图

采用 SWMM 模型进行城市暴雨洪涝模拟仿真，可选取历史降雨、模拟降雨或接入实时降雨。图 5 - 36 为子汇水区模拟结果，左边功能区面板可直观看到各子汇水区的降雨、下渗、径流和径流系数模拟结果。右边数字地球显示区可视化展示了各子汇水区地理位置等基本信息，以及降水、径流和下渗模拟数据随时间变化曲线图。在各子汇水区要素变化曲线图面板中可通过改变子汇水区要素的开始时间和终止时间，绘制不同时间段子汇水区各个要素模拟数据的时间变化曲线图。

图 5 - 37 为节点模拟结果，功能区面板可直观看到各节点的深度、水头、总流量和积水模拟结果。数字地球显示区可视化展示了各节点的地理位置等基本信息，深度、水头、总流量和积水模拟数据随时间变化曲线图。在各节点要素变化曲线图面板中可通过改变节点要素的开始时间和终止时间，绘制不同时间段节点要素模拟数据时间变化曲线图。若节点积水大于设置阈值，发生红色闪光警报，将会发生警报，查看发生警报的位置，能够展示警报点的总流量和积水模拟数据随时间变化的曲线图。

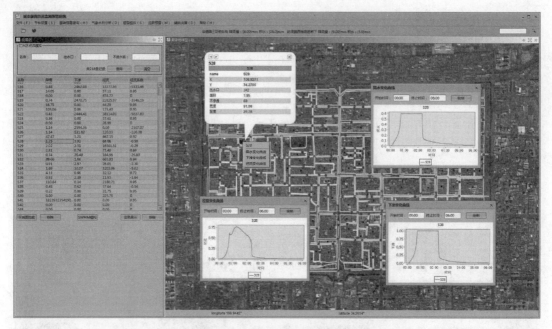

图 5-36 子汇水区模拟结果展示

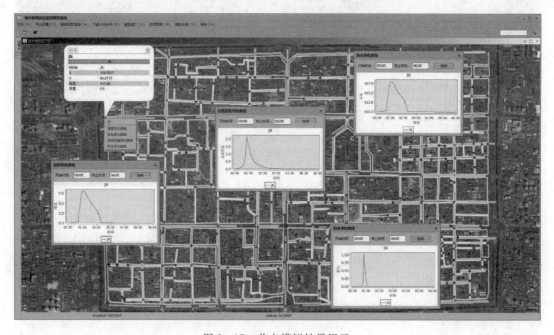

图 5-37 节点模拟结果展示

图 5-38 为排水管网模拟结果，功能区面板可直观看到各排水管网流量、容积、流速和能力的模拟结果。数字地球显示区可视化展示了各排水管网的地理位置等基本信息，以及流量、容积、流速和能力模拟数据随时间变化曲线图。在各排水管网要素变化曲线图面板中可通过改变排水管网要素的开始时间和终止时间，绘制不同时间段排水管网要素模拟数据时间变化曲线图。

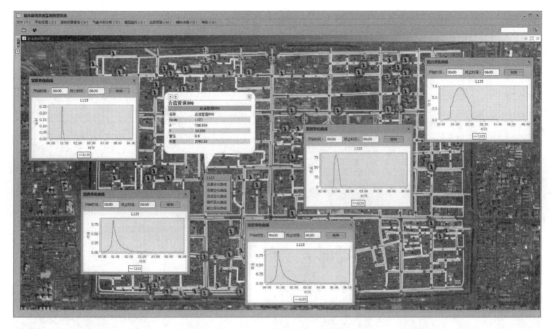

图 5-38　排水管网模拟结果展示

5.3.4　分级预警服务

分级预警服务模块重点是基于动态监测服务模块和模拟仿真服务模块，采用数据集成、大数据分析等方法对监测模块监测的数据资源进行分析得到城市暴雨洪涝分级预警信息，通过可视化方式转换成点、线框、图表等信息，将城市暴雨洪涝分级预警信息可视化展示。根据《西安市城区防汛预案》将预警信息划分为 4 个等级，采用短信、微信公众号等多种方式向不同管理人员、防汛人员和社会公众等不同群体个性化推送城市暴雨洪涝分级预警信息。图 5-39 为城市暴雨洪涝预警信息，当内涝点监测数据超过不同阈值，则展示不同的预警信息，内涝点的降雨积水数据达到Ⅰ级预警、Ⅱ级预警、Ⅲ级预警和Ⅳ级预警阈值时，内涝点则分别展示为红色闪光警报、紫色闪光警报、黄色闪光警报和蓝色闪光警报。点击内涝点能够显示该内涝点的名称、主要负责人、联系电话等信息，同时能够绘制内涝点的降雨、积水深度的时间变化曲线图，直观展示降雨和积水深度随时间变化的趋势，为进一步的应急预案和应急管理服务。

5.3.5　辅助决策服务

辅助决策服务模块重点实现城市暴雨洪涝预案的数字化应用、流程化描述和可视化表达。城市防汛办根据预警等级制定应急预案，确定应对方案，提高城市暴雨洪涝应急事件响应速度，最大限度减少灾损。根据《西安市城区防汛预案》4 级预警信息制定对应的 4 级预警响应，不同等级的应急响应，其响应流程和应急人员存在差别，以Ⅱ级预警响应和Ⅲ级预警响应为例进行展示，由图 5-40 可知，Ⅱ级预警响应和Ⅲ级预警响应参与的部门和人员不同，应急响应的市政专业抢险队人员为该内涝点的专用人员，内涝点的降雨积水数据达到Ⅱ级预警和Ⅲ级预警阈值时，内涝点分别发生紫色闪光警报和黄色闪光警报，右键点击该内涝点，选择应急响应模块，进行城市暴雨洪涝应急响应。

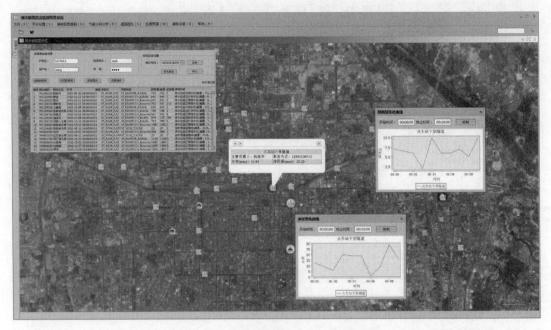

图 5-39 城市暴雨洪涝预警信息展示

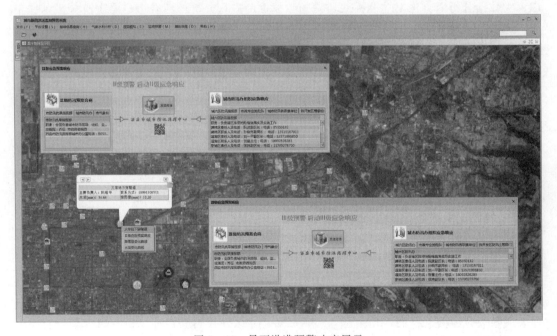

图 5-40 暴雨洪涝预警响应展示

5.4 本章小结

　　本章首先对多源信息融合模型、技术、方法和层次及其在城市暴雨洪涝监测预警系统的应用进行详细阐述，提出了城市暴雨洪涝监测预警系统架构，构建了城市暴雨洪涝监测预警体系，基于系统提供基础信息、动态监测、模拟仿真、分级预警和辅助决策5个应用服务。通过城市暴雨洪涝监测预警系统实现城市暴雨洪涝基础信息的查询、分析和展示，积水和管道超载的模拟仿真，积水点的动态监测及个性化的分级预警服务，为城市暴雨洪涝快速响应和科学应对提供决策支持，提高城市防洪减灾能力，降低灾害损失。

6 城市暴雨洪涝适应性管理系统

城市局地暴雨的难以精准预报、城市易涝点的不确定性以及城市暴雨洪涝的高危害性使得城市暴雨洪涝管理成为难题，受到广泛关注。在上述研究基础上，响应环境变化，提出集城市暴雨洪涝灾害风险管理、应急管理和信息管理为一体的适应性管理模式，采用多源信息融合、数字地球、组件和综合集成等技术设计并研发城市暴雨洪涝适应性管理系统，基于系统提供城市防洪减灾适应性管理服务，从非工程措施最大限度减少灾害损失。

6.1 城市暴雨洪涝适应性管理模式

基于对城市暴雨洪涝事件的灾害风险评估、事件特征描述、情景模拟仿真和动态监测预警，集成城市暴雨洪涝灾害风险管理、应急管理和信息管理提出变化环境下城市暴雨洪涝适应性管理模式，分别从理论基础、模式内容和模式结构 3 个方面进行阐述。

6.1.1 理论基础

1. 城市暴雨洪涝风险管理

自然灾害是指自然界发生的异常现象，并给人们带来损失的事件。自然灾害风险则是指通过一定方法分析灾害发生的概率和危害程度。风险管理是指组织或个人对风险进行识别、评估、控制等一系列评估方法和管理措施，以风险成本最低为原则，将各种风险发生前、发生过程及发生后所产生的经济、社会、环境等影响降到最低。

（1）城市暴雨洪涝风险管理体系。灾害风险管理是指为了减小潜在危害和损失，通过一定的战略、政策和措施，提高灾害应对能力，减轻致灾因子给承灾体带来的不利影响，降低致灾可能性。城市暴雨洪涝风险管理是灾害风险管理中的一种，针对城市暴雨洪涝风险管理，主要包括风险识别、风险评估和风险处置等。城市暴雨洪涝灾害是自然灾害的一种，结合灾害学理论，暴雨洪涝灾害形成具备以下条件：诱发暴雨洪涝灾害发生的因素（致灾因子）；形成暴雨洪涝灾害的地理环境（孕灾环境）；暴雨洪涝灾害发生区域的人口分布、社会经济状况等（承灾体）；暴雨洪涝灾害发生全过程中，人们对其采取的预防、适应、恢复等对策（防灾减灾能力）。灾害风险的大小是这 4 个因素相互作用决定的。因此，以致灾因子、孕灾环境、承灾体、防灾减灾能力作为指标识别的准则层，依次分析各因子对应的指标，构建出灾害风险评估指标体系。

（2）城市暴雨洪涝风险管理流程。国际标准化组织将风险管理流程划分为明确环境、风险评估和风险处置3个阶段，如图6-1所示。明确环境主要包括明确内部环境、外部环境、风险管理流程环境和风险准则。通过明确环境，风险管理单位可以明确风险管理的目标，确定在风险管理过程应考虑的内部因素和外部因素，为以后的过程设置风险管理的范围和风险准则。风险评估包含风险识别、风险分析和风险评价。风险识别是指发现、认识和描述风险的过程，包括风险源的识别、风险事件的识别、风险原因以及潜在结果的识别。风险分析

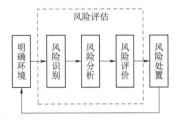

图6-1　风险管理流程图

是风险评价和风险处置的基础，是充分理解风险的性质和确定风险等级的过程。风险评价是将风险分析的结果与风险准则进行对比，确定风险等级。风险处置是指通过选择和实施一项或多项备选方案来减少风险的过程。风险处置是一个循环的过程，首先评估风险处理措施，其次判断新的风险大小，并制定新的处置措施，最后评价风险处置措施的有效性。

2. 城市暴雨洪涝应急管理

突发事件因其突发性、难以预测性和高危害等特征给经济社会发展带来负面影响，尤其是近年来全球气候变化和人类活动加剧大背景下，如何对突发事件进行应急应对日益受到关注。我国于2004年按照"分级分类"的原则编制突发事件应急预案体系，2006年1月8日国务院发布实施《国家突发公共事件总体应急预案》以来，初步建立了"纵向到底、横向到边"的全国应急预案框架体系。城市作为人口和经济发展集聚地，受极端暴雨影响，近年来城市暴雨洪涝等灾害事件突发、频发、广发，发生概率增加、强度加大，加强城市暴雨洪涝应急管理迫在眉睫。城市防汛部门制定暴雨洪涝事件应急预案，对洪涝事件形成、扩散和过程演化等进行监测、预警、响应和处置，提高政府对城市暴雨洪涝事件监测预警、应急响应与处置能力，最大限度减少城市暴雨洪涝事件损失及其次生衍生灾害。

（1）城市暴雨洪涝应急管理体系。城市暴雨洪涝应急管理构建了"一案三制"体系，包括应急管理预案、应急管理体制、应急管理法制和应急管理机制。应急管理预案是应急管理工作的主线，对应急管理体系构建具有指导作用。应急管理体制是由应急管理领导指挥机构、专项应急指挥机构和日常办事机构等构成。应急管理法制包括应急管理相关的法律、法规、规章及具体的制度，我国先后制定并颁发了《中华人民共和国突发事件应对法》《中华人民共和国防洪法》等。应急管理机制核心在于统一指挥、反应灵敏、协调有序、运转高效、政府主导、部门联动、社会参与。贯穿应急管理全过程，涵盖应急管理全时段，涉及预防与应急准备、监测与预警、应急处置与救援、事后恢复与重建等。

（2）城市暴雨洪涝应急管理流程。在国务院应急管理办公室制定的《国家应急平台体系技术要求》基础上，面向城市暴雨洪涝事件，在对城市暴雨洪涝应急预案进行数字化处理、流程化描述和知识化管理的基础上，以城市暴雨洪涝事件应急管理流程为主线，设计

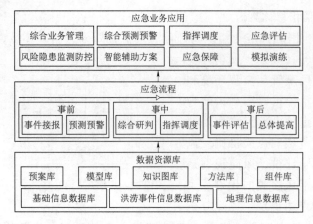

图 6-2 城市暴雨洪涝应急管理

能够支撑城市暴雨洪涝应急响应和快速应对的应急管理系统，为城市暴雨洪涝事件应急管理提供综合业务管理、风险隐患监测防控、综合预测预警、智能辅助方案、指挥调度、应急保障、应急评估和模拟演练等业务应用，如图 6-2 所示。

3. 城市暴雨洪涝信息管理

信息具有真实性、时效性、层次性、共享性、不完全性、滞后性和转换性等特性，信息管理从广义上来说涉及信息、人员、技术、机构等要素的管理，通过管理实现各种资源的合理配置，满足社会对信息需求的过程。狭义上，信息管理是对信息的收集、整理、存储、传播和利用的过程，也就是说信息从分散到集中、从无序到有序、从存储到传播、从传播到利用的过程[106]。从微观层次看，信息管理主要面向具体的信息产品，中观层次来说，信息管理面向的是处于社会中具体信息系统，从宏观层次看，信息管理面向的是国家和地区的信息产业的管理[107]。信息管理的核心是人类最基础的管理活动，但由于信息是一种资源，以及信息自身的不确定性，使得信息管理具有复杂性特性。城市暴雨洪涝管理过程中存在气象水文信息、地形地貌信息、排水管网信息、应急人员机械、应急设施信息等各类信息，信息管理在城市暴雨洪涝管理中显得尤为重要。城市暴雨洪涝信息管理核心在于，从信息的采集、存储、传播和利用的角度出发，采用集成应对的方式对多源信息按照"数据集成、信息集成、知识积累、智慧决策"的方式进行管理。

（1）城市暴雨洪涝信息管理体系。信息管理体系是一套对组织信息资源与活动的宏观规划和配置思路，针对城市暴雨洪涝事件，信息管理体系可以划分为数据层、信息层、知识层和智慧层 4 个层次，从事前、事中和事后 3 个阶段，采用 DIKW 模型、5S 集成技术、瓦片金字塔等技术，按照"数据集成、信息集成、知识积累、智慧决策"流程对与城市暴雨洪涝事件管理过程相关信息进行收集、传输、加工、存储、维护和使用。数据集成主要包括数据抽取，数据转换，数据净化，数据加载，合并与传输以及流程调度与元数据管理等内容；信息集成是在数据集成的基础上，根据城市暴雨洪涝管理需求，进行数据融合与关联，同时对城市暴雨洪涝进行过程信息描述与决策支持；知识积累主要通过数据集成和信息集成对城市暴雨洪涝信息进行综合集成，通过组件化服务加强信息管理的规范化；智慧决策基于数据集成、信息集成和知识积累，辅助管理决策。

（2）城市暴雨洪涝信息管理流程。城市暴雨洪涝信息管理贯穿城市暴雨洪涝管理全过程，城市暴雨洪涝风险管理、应急管理中均存在信息管理，根据时间发展过程，信息管理贯穿城市暴雨洪涝事前、事中和事后全过程，在城市暴雨洪涝常态化管理和应急管理中均存在信息管理。城市暴雨洪涝信息管理流程如图 6-3 所示。

6.1.2 模式内容

根据城市暴雨洪涝变化特征及其形成机理，集成风险管理、应急管理和信息管理，

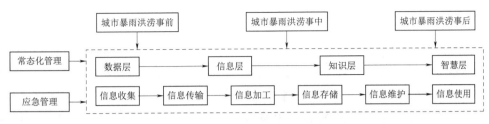

图 6-3 城市暴雨洪涝信息管理流程

将城市暴雨洪涝事件的常态管理和应急管理相结合，采用现代信息技术设计并研发城市暴雨洪涝适应性管理系统，通过灾害风险评估、事件特征描述、情景模拟仿真和监测预警服务，将现代信息技术贯穿城市暴雨洪涝管理的全过程，响应环境变化提供城市暴雨洪涝管理服务，为城市防洪减灾提供决策支持。城市暴雨洪涝适应性管理模式核心在于暴雨洪涝灾害事件的风险管理、应急管理和信息管理，其自身是一个不断发现问题、分析问题和解决问题的过程。在实施过程中遵循全面性、实用性、普遍性和灵活性等原则。

（1）全面性。基于风险管理、应急管理和信息管理多个角度对城市暴雨洪涝进行适应性管理，全面考虑城市暴雨洪涝全过程所存在的风险，结合城市暴雨洪涝事件的常态管理和应急管理，将现代信息技术贯穿于城市暴雨洪涝事件管理的整个过程。

（2）实用性。城市暴雨洪涝适应性管理模式能够应用于不同时空尺度的暴雨洪涝事件。针对历史事件，总结经验，存入历史案例库。针对当前发生的事件，通过案例推理快速制定应对方案。针对未来潜在的事件，通过灾害风险评估与情景模拟仿真，做好监测预警服务，提前制定应对策略，减少灾害损失。

（3）普遍性。城市暴雨洪涝适应性管理包括事件的常态管理和应急管理，针对常态管理，通过实时监测，信息共享，动态更新灾害风险情况；针对应急管理，响应环境变化跟踪事件产生和发展过程，快速制定应对方案，动态分析灾害风险。

（4）灵活性。考虑到未来环境的不确定性及影响因素的复杂性，在开展城市暴雨洪涝适应性管理的过程中遵循灵活性和可操作性原则，在提供管理决策服务的同时能够快速响应环境变化进行动态调整和滚动修正。

城市暴雨洪涝适应性管理内涵主要包括：

（1）原理上，城市暴雨洪涝适应性管理模式是为了提供管理决策服务和减灾策略而提出的可供操作与实施的方法体系。考虑城市暴雨洪涝管理问题的复杂性和不确定性，需要从风险管理、应急管理和信息管理等多个角度出发，对城市暴雨洪涝灾害进行风险评估，对暴雨洪涝事件进行特征描述，开展不同情景下的模拟仿真，实现动态监测预警，结合城市暴雨洪涝常态管理和应急管理，建立城市暴雨洪涝适应性管理系统，提供管理决策服务。

（2）体制上，由于全球气候系统变暖和人类活动的普遍性，导致极端气候天气频率增大，城市暴雨洪涝事件发生的频次增加。城市暴雨洪涝适应性管理是基于现行的应急管理体制的一种拓展，将常态管理与应急管理相结合，是对现有暴雨洪涝事件管理的一种提升，将风险管理、应急管理和信息管理相融合，贯穿城市暴雨洪涝事件演化和管理的整个过程。

（3）方法上，采用多角度、多指标和多模型组合的评价和决策方法体系应对城市暴雨洪涝管理的复杂性和不确定性，采用数据集成、信息融合和大数据等为城市暴雨洪涝适应性管理提供数据资源，采用综合集成和知识可视化等为城市暴雨洪涝适应性管理提供动态且可以进行调整修正的适应性管理系统，便捷的人机交互以及可视化服务环境，响应环境变化的复杂性与不确定性，为城市暴雨洪涝管理提供可供操作的适应性管理系统。

6.1.3 模式结构

城市暴雨洪涝适应性管理模式结构如图 6-4 所示，主要包括管理模式、关键技术和应用服务。

（1）管理模式。城市暴雨洪涝适应性管理模式的实现主要通过城市暴雨洪涝适应性管理系统，基于多源信息融合和数字地球实现城市暴雨洪涝动态监测预警，基于综合集成实现风险管理、应急管理和信息管理的有机融合，搭建城市暴雨洪涝适应性管理系统。

（2）关键技术。支撑城市暴雨洪涝适应性管理模式和管理系统的关键技术主要包括多源信息融合、三维可视化数字地球、5S 集成、情景模拟仿真、组件化软件开发和综合集成等。

（3）应用服务。从不同时空尺度，不同情景，风险管理、应急管理和信息管理多个角度提供城市暴雨洪涝适应性管理主题服务。

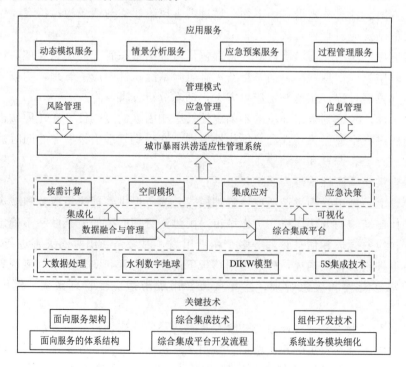

图 6-4 城市暴雨洪涝适应性管理模式结构

6.2 城市暴雨洪涝适应性管理系统设计

面向城市暴雨洪涝适应性管理业务需求，将数据划分为基础数据、基础地理数据、灾情数据、动态监测数据、社会化数据、成果数据共6类。城市暴雨洪涝适应性管理系统遵循面向服务架构，采用组件开发和综合集成等技术，集成风险管理、应急管理和信息管理，提供暴雨洪涝适应性管理主题服务，实现城市暴雨洪涝适应性管理的数字化、可视化和知识化，通过多源信息融合、信息共享和互联互通，提供城市暴雨洪涝适应性管理服务，降低灾害损失。

6.2.1 系统总体设计

城市暴雨洪涝适应性管理系统是城市暴雨洪涝适应性管理模式的具体实现，系统总体设计包括城市暴雨洪涝适应性管理系统架构设计、城市暴雨洪涝适应性管理系统技术模型设计和城市暴雨洪涝适应性管理系统功能设计3部分。

1. 系统架构设计

采用数字地球、北斗卫星监控、云服务等多种新一代信息技术，基于综合集成平台，设计并研发了北斗卫星—遥感—地面监测站等"天地空"一体化的城市暴雨洪涝适应性管理系统。基于城市暴雨洪涝适应性管理系统开展动态模拟、情景分析、应急预案和过程管理等主题服务，结合风险管理、应急管理和信息管理，实现对城市暴雨洪涝的集成应对与适应性管理，提高普适的城市暴雨洪涝管理服务。城市暴雨洪涝适应性管理系统采用J2EE架构、Swing组件和5S集成等技术，相对集中的部署存储和服务器，对基础数据、地理数据、水文与地形数据、影像资料、防汛物资和应急预案等进行有机融合。遵循B/S和C/S相结合的模式，在大数据存储中心的基础上，构建城市暴雨洪涝水文基础数据库、实时雨情数据库、实时工情险情数据库、空间地理数据库、遥感影像数据库、防汛物资数据库、防汛预案数据库和音频视频数据库等，实现气象、水利、市政公用等多部门的信息资源共享。

城市暴雨洪涝适应性管理系统结构如图6-5所示，采用分层思想，将系统自下而上划分为感知层、数据层、服务层、应用层和表现层。感知层由自动化采集数据的监测设备、遥测终端、北斗卫星和数据中心组成。数据层包括水文基础数据、雨情灾情数据、空间地理数据、遥感影像数据、防汛物资数据等。系统可建立分布式数据库和大数据中心，并部署在云服务器上，提高数据访问效率。服务层由管理中心、数据处理和平台服务器构成。利用系统服务的特点，将海量数据的访问需求均衡分布在多个服务器，在海量地图数据访问和计算的环境下，提高系统性能。应用层是基于城市暴雨洪涝集成应对方法应用，展示不同比例尺的三维场景，包括地形、地貌、路况等基础地理数据，低洼易涝点、排水拥堵段等专题信息。提供基础信息的查询、水文空间数据的获取，城市暴雨的预测、洪涝高发点的实时监测信息、分级预警以及应急响应等功能。表现层提供城市暴雨洪涝适应性管理系统的用户操作界面，包括城市低洼易涝点查询，洪涝监测、预警信息查询，暴雨洪涝预案展示，系统环境设置和权限管理等功能。

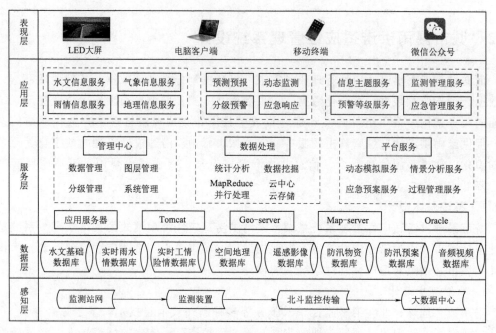

图 6-5 城市暴雨洪涝适应性管理系统结构

城市暴雨洪涝适应性管理系统底层基于课题组自主研发的综合集成平台。综合集成平台采用知识图的方式描述业务流程，过程可视、快速适应变化为用户提供城市暴雨洪涝适应性管理业务化服务。城市暴雨洪涝适应性管理综合集成平台的设计原则主要在于资源整合、提供开发环境、基于松耦合的信息共享、可伸缩的配置、个性化的服务、便于重构和扩展，同时能够提高系统开发效率。

2. 系统技术模型设计

采用 SOA、SaaS 和 PaaS 等面向服务的信息化整合技术，对城市暴雨洪涝适应性管理信息服务、计算服务和决策服务进行集成，通过城市暴雨洪涝适应性管理系统为城市暴雨洪涝事件提供一体化的服务模型和操作接口，并且实现远程及分布式的服务框架，为城市暴雨洪涝安全保障提供便捷管理与决策服务。系统技术模型主要包括：应用服务控制层、人机交互服务层、业务逻辑服务层、外部应用服务层、服务访问接口、人机交互访问接口、业务逻辑访问接口和外部应用访问接口，如图 6-6 所示。

3. 系统功能设计

多网联合构建"天地空"一体化的城市暴雨洪涝监测体系，天端通过北斗卫星短报文双向通信和定位功能将地面监测站自动采集的城市降水、水位、淹没区域和淹没水深等要素实时传输到大数据中心；地端通过科学布设自动化监控设备，构建城市暴雨洪涝相关数据地面监控站网；空端将遥感影像和无人机航拍图进行瓦片化处理和无缝拼接，搭建沉浸式可视化环境。采用云服务器实现海量监控数据资源的高效处理和存储，基于 Apache Hadoop 框架建立城市暴雨洪涝大数据中心，实现海量、多源、异构数据资源的有机融合。采用数据挖掘和大数据分析对海量、全网数据资源进行深度挖掘，动态监测城市暴雨洪涝事件舆情，深入分析舆情演化机理，辅助城市暴雨洪涝监测、预报和预警。

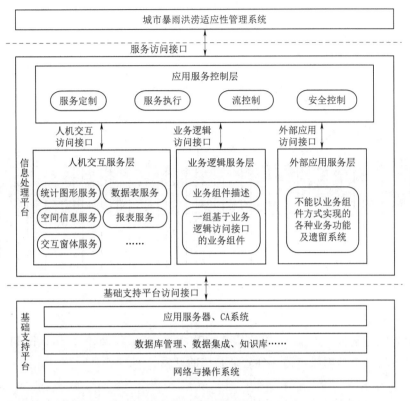

图 6-6 系统技术模型

　　面向城市暴雨洪涝适应性管理需求设计城市一体化数字水网，多源信息融合搭建城市三维可视化环境，可视化环境下进行城市暴雨洪涝适应性管理。基于城市暴雨洪涝大数据中心，研究复杂异构数据资源整合、数据集成和信息融合机制，深入挖掘监控数据、全网数据和业务流程等大数据资源，提升城市暴雨洪涝大数据价值化服务。基于海量数据资源构建城市一体化数字水网，包括面向实体和二维/三维 GIS 耦合的空间数据网，暴雨洪涝形成过程的降、输、排、积水等业务流程网，基于综合集成平台、采用知识图谱描述城市暴雨洪涝应对流程的逻辑拓扑网，基于大数据中心实现三网融合。采用瓦片金字塔和数据缓存等技术对城市高清影像进行瓦片化处理、高效存储和科学调度，搭建了三维可视化环境，可视化环境下依托一体化数字水网开展城市暴雨洪涝适应性管理。

　　结合城市防洪减灾业务需求，遵循国家水利行业标准 SL 538—2011《水利信息处理平台技术研究》，集成应用新一代信息技术，包括前端数据采集、信息融合和大数据分析等技术手段和数据资源设计并研发了适应性强、可视化效果好的城市暴雨洪涝适应性管理系统。系统采用分层思想，基于一体化数字水网[108]，通过多源数据集成、信息融合与组件化服务，结合风险管理、应急管理和信息管理，按照业务主题化、处理组件化、组件标准化和服务定制化应用模式，采用组件化软件开发技术提供松散耦合的城市暴雨洪涝主题服务以及配套的城市暴雨洪涝监测、预警和应急管理装置，软硬件结合，适应变化开展过程可视、个性化的应对与管理。根据城市暴雨洪涝适应性管理实际需求，确定系统主要功能包括：基础信息服务、动态模拟服务、情景分析服务、应急预案服务、过程管理服务 5 大模块，如图 6-7 所示。

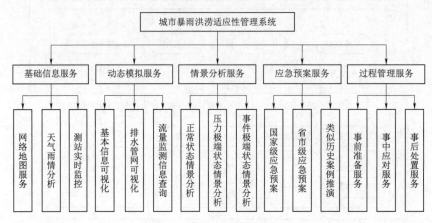

图 6-7　系统功能模块设计

6.2.2　系统关键技术

采用面向服务架构（SOA）、网络服务（Web Service）、组件、知识图和综合集成研讨厅等技术实现城市暴雨洪涝适应性管理系统的开发。

1. 面向服务架构

SOA 是一种软件体系结构的设计方式，核心是面向服务，实现了业务和技术的分离，该技术通过构建一种粗粒度、松耦合、位置和传输协议透明的服务架构，不同服务之间通过接口进行通信，而不涉及底层编程接口和通信模式[109]。通过将应用程序的不同服务用良好的接口和标准结合起来，将分散在分布式环境下的服务组件整合成一个新的整体，并以组件的形式为用户提供服务，解决基于组件的分布式应用体系中的异构问题。接口独立于实现服务的硬件平台、操作系统以及编程语言等，基于平台构建的各种服务采用统一和通用方式进行交互。系统遵循 SOA 架构，采用组件化软件开发技术，缩短应用系统开发周期，提高组件的复用率和软件的服务质量。SOA 将应用程序按照不同的功能单元以服务和接口的形式发布到服务注册中心，以应用程序、功能模块为形式的服务请求者通过在服务注册中心查询符合要求的服务，并采用标准协议进行绑定，便于服务请求者使用服务。SOA 架构如图 6-8 所示。

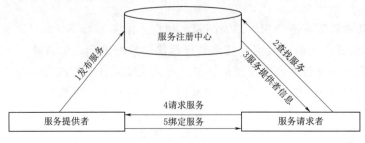

图 6-8　SOA 架构

采用 SOA 架构开发应用系统具有服务封装性、封装效率高、服务重用、松散耦合性、开发过程透明和服务互操作性等特征。

（1）服务封装性。采用 Web 服务描述语言对服务组件功能进行封装从而对外提供发布功能，通过标准接口调用此组件服务的应用程序不需要关心组件的实现细节，即可实现复杂的功能。

（2）封装效率高。城市暴雨洪涝适应性管理系统应用组件的封装包括面向对象编程接口和面向更高粒度的封装，使得组件的封装过程效率较高，稳定性也比低粒度的效果好。

（3）服务重用。一个服务被创建后可用于多个业务流程和应用，重用过程中只需要描述其定义的上下文描述过程，无须关心底层实现和客户需求的变更。

（4）松散耦合性。服务提供者和请求者对于服务的操作是松散耦合的，两者通过请求消息和传输协议结合在一起，体现了组件作为一种技术支撑综合调控平台的灵活性和可扩展性。

（5）开发过程透明。SOA 采用服务总线对组件接口进行封装，保证服务位置的透明和传输协议的透明，客户端调用服务不受组件实际存储位置和传输协议变化的影响。

（6）服务互操作性。不同服务之间可以通过通信协议进行互操作，综合调控平台可将不同的应用系统封装成服务，实现服务级别共享，并根据用户实际需求以 B/S、C/S 等多种服务方式提供服务。

采用 SOA 技术，对面向城市暴雨洪涝适应性管理应用服务进行集成，在数据资源中心、网格计算和知识可视化服务环境等的支持下建设综合集成服务平台，提供一体化的服务模型和应用访问接口，通过远程和分布式的服务框架，为城市暴雨洪涝管理提供多方面、多层次的决策服务。城市暴雨洪涝适应性管理是一个复杂的过程，首先，需要对城市暴雨洪涝适应性管理在机理及其所受到的外界变化环境的因素进行识别，在此基础上收集数据，通过 DIKW 集成模型对数据进行处理、加工和描述，形成数据资源中心，结合城市暴雨洪涝事件管理者思维，以具体的城市暴雨洪涝管理应用服务为驱动，采用知识可视化的方式在综合集成平台上按照主题业务应用的模式为城市暴雨洪涝适应性管理提供个性化定制服务。

2. 综合集成技术

自 20 世纪 70 年代，复杂性、整体性、人与自然协调等重大问题不断出现，国际科学界"复杂性研究"兴起。1990 年，钱学森院士等提出了"开放的复杂巨系统"的概念以及解决开放的复杂巨系统问题的方法论：从定性到定量的综合集成方法，并提出把"从定性到定量综合集成研讨厅体系"作为综合集成方法的实践方式。

不同用户和专家基于综合集成平台进行综合集成研讨，可视化环境中通过研讨和采用数学、统计及机器学习方法获取知识，并将其通过研讨流程和行为规范等方式进行共享形成群体知识，根据城市暴雨洪涝管理业务应用不断丰富和完善群体知识，以知识共享管理机制保证知识传递的有效性、加速知识共享并促进其在城市暴雨洪涝安全保障中的应用，从定性到定量开展群体知识的综合分析判断，确定决策方案，构建暴雨洪涝管理业务应用系统，实现个性化会商研讨。基于城市暴雨洪涝适应性管理系统中的综合集成平台，专家可以开展研讨焦点确定、研讨业务表述、研讨观点表达等在线研讨内容。专家群体根据研讨焦点问题，结合以往的研究成果和经验，将个人知识转化为知识图可表达的信息或者知识，并通过知识图进行交互，将交互生成的观点进行综合，最终在专家之间达成共识。根据在线研讨结果，专家群体就研讨焦点问题上达成的共识，形成焦点问题的解决方案。

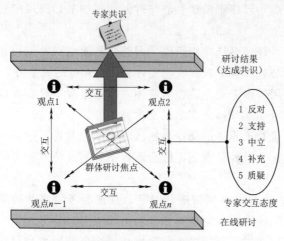

图 6-9 综合集成研讨厅示例

综合集成研讨过程中，通过从数据结构、数据格式、数据要求等方面规范研讨流程，形成在应用系统中可访问、操作和控制的实体元素，基于平台为研讨流程提供可操作的环境，调用研讨流程模板，对研讨流程进行可视化描述，按照研讨特征对其分类，对研讨中涉及的信息进行细化处理，提高对研讨流程的管控能力，如图 6-9 所示。

知识图是一种以图表方式表达的知识管理方法，基于服务组合的思想，采用工作流技术，实现组件封装，并对业务流程进行编排，基于可视化平台将其业务流程以图形的方式呈现，提高业务流程的可扩展性和可视化效果。知识图和知识图之间的数据传送与交换通常以 XML 方式进行保存，使用时需要事先建立知识图中的概念、连接和资源等信息和 XML 文件之间映射关系，将数据流向和组件信息等进行描述，对文件信息和知识图之间关系进行解析，使得用户可以根据 XML 重现应用系统的工作流程，通过修改知识图中组件来实现系统的搭建、修改与业务应用的灵活定制。知识图中业务组件具有可视化特征，为用户提供多样性的业务活动状态和数据流的展示方案，实现知识可视化，为用户提供直观的决策过程和成果展现。知识图不仅可以有效地描述规范化、系统化的显性知识，还可以用于隐性知识的描述以及显性知识向隐性知识的转变。

作为组织和描述知识的可视化工具，知识图可以实现显性知识和隐性知识合理描述，通常由概念、连接线、联系和链接组成，其逻辑关系可以表示为：

知识图 ::＝｛＜概念"，"联系｜连接词｜连接短语"，"连接线＞［链接］｝

链接 ::＝｛＜知识图｜外部资源＞｝

外部资源 ::＝｛＜模型组件｜文档……＞｝

基于综合集成平台绘制城市暴雨洪涝适应性管理业务应用知识图，首先根据用户和业务需求，将分析和解决问题的过程抽象成知识图，再根据功能需求，为知识图中的节点定制相应的服务。知识图的绘制过程表示用户将自己的经验和需求进行流程化和知识化描述和关联的过程。通过综合集成平台的协同工作环境，城市暴雨洪涝适应性管理的不同主体根据应用服务的需求个性化定制服务，在知识可视化集成环境中，不同主体从自身认识和需求出发，基于不同的信息资源与应用服务模式，提出适合自身管理决策的应用服务，并在决策过程中融入专家的经验和思想，形成专家的决策方案，基于平台资源层的模型库和方法库对不同决策方案进行评价，最终生成最优方案。

3. 组件开发技术

组件化软件开发技术是将软件封装成组件，通过接口实现对组件的访问，提高软件的重用性。组件模型是组件的本质特征及组件间关系的抽象描述，是组件定义、开发、存储和封装的基础，其规定了组件及组件应用设计开发所遵循的规范和标准。

组件具有重用性和互操作性强的特点，系统不同模块的软件可以重复利用，而不需要重新编写代码。过程透明，组件输入和输出接口完全是透明的，组件实现和功能分离，用户只需要注重输入和输出两个接口，而不需要关心组件内部结构。可扩展性好，每个组件都有各自的功能，若需要组件提供新的功能，只需增加接口，不改变原来接口，从而实现对组件功能的快速扩展。组件开发与编程语言无关，只要符合组件开发标准，开发人员可以采用不同编程语言开发组件，编译后可以采用二进制形式发布。组件开发和封装完成之后，需要对其进行部署，组件部署是将组件存放在可以支持其运行的基础设施和平台中，包含提供组件运行时的环境、提供部署时用的定制服务以及需要提供组件封装的辅助环境。

Web Service 是一种基于 Web 的主流分布式计算技术，采用 SOA 思想构建可以相互操作的分布式业务应用程序，采用 XML 格式封装数据，运用 WSDL 描述组件自身功能，再利用 UDDI 对网络服务进行注册，基于 SOAP 协议实现组件之间数据的传输。Web Service 具有平台和开发语言无关性的优势，使用过程中只需要指定其所在位置和应用接口，就能在应用端通过 SOAP 调用相关数据或组件服务。Web Service 体系结构包括服务提供者、服务请求者和 UDDI 服务注册中心，三者之间通过通信协议、服务查找和发布等进行有效交互。其中，服务提供者采用 WSDL 语言对待发布服务文件包含的名称、功能、传递参数个数、类型和返回结构等信息进行描述，通过 UDDI 服务注册中心完成服务的发布和存放。UDDI 服务注册中心作为目录服务器，是服务提供者和服务请求者的中介，负责实现服务的发布和请求。当服务请求者要在 UDDI 服务注册中心查询自己需要的服务时，UDDI 会将满足条件的服务指针发送给服务请求者，服务请求者根据指针向服务提供者发出调用服务的请求，请求消息采用封装的 XML 文档格式在服务请求者和服务提供者之间进行传递。通过 Web 方式和 HTTP 传输协议支持，实现服务请求者和服务提供者之间的通信。

(1) XML 与 XML Schema。可扩展标记语言 XML 是 W3C 指定的用于描述数据文档中数据的组织和结构的一种元标记语言。XML 语言描述了文档的结构和语义，用户能按照需要定义自己所需的标记。XML 规范使用文档类型定义（Document Type Definition，DTD）为 XML 文档提供语法的有效性规定，以便给各个语言要素赋予一定的约束，但是 DTD 不支持多种数据类型，在大多数应用环境下能力不足。约束定义能力不足，无法对 XML 实例文档做出更细致的语义描述。创建和访问并没有标准的编程接口，无法使用标准的编程方式进行维护。W3C 推荐使用 XML Schema 对 XML 文档进行有效性规定和约束，XML Schema 是作用于某一类 XML 文档，用于定义其约束、规则或结构模型的形式化描述语言，XML Schema 通常用于数据绑定与合法性检验，提供基本的数据类型并且允许创建新的数据类型。

(2) SOAP 协议。Simple Object Access Protocol（SOAP）是一种简单且轻量的基于 XML 的 Web 服务交换标准协议，是异构平台之间的一种分布式消息处理协议，继而成为

Web 服务交互的基础协议。SOAP 以 XML 为基础，通过 HTTP 80 端口传递远程调用，实现跨越防火墙和跨平台应用。SOAP 消息是由一个强制的 SOAP Envelope、SOAP Body 和一个可选的 SOAP Header 组成的 XML 文档，用于调用 Web 服务，应用过程中，服务请求者把所要调用的 Web 服务的参数值从本地二进制格式转换到表示 SOAP 消息的 XML 文档中，然后把文档发送给远程服务器。在远程服务器端，会有对应的 SOAP 处理器解析 XML 文档，取出所要调用的 Web 服务的参数信息，恢复为二进制状态，然后调用 Web 服务。

（3）UDDI 协议。UDDI 是一个分布式网络环境下的 Web 服务信息注册规范，主要由一个业务注册中心和访问该中心的协议及 API 组成，它对所注册的服务规定了一套统一的 XML 格式。UDDI 注册中心一般可分成基于 Internet 的全局 UDDI 企业注册表和私有 UDDI 注册中心两类，其中前者实现公共 UDDI 注册存储的组织管理，后者用于企业内部 Web 服务的注册。UDDI 注册使用的核心信息模型是由 XML Schema 定义，定义了商业实体、商业服务、技术指纹和绑定模板 4 种主要信息类型，其中商业实体用于描述服务提供者信息，商业服务用于描述提供的服务信息，技术指纹用于描述服务的规范、分类或标识别，绑定用来在商业服务和描述其技术特征的技术指纹集之间进行映射。UDDI 同样也是 Web 服务信息注册规范的可访问实现集合，业务实体能够将其自身提供的 Web 服务信息进行发布，使其他业务实体能够发现这些信息。

（4）WSDL 语言。Web 服务使用 WSDL 文档提供接口详细说明，使得用户能够创建客户端应用程序并进行通信，按照 UDDI 规范进行注册，以便用户能够轻易地找到这些服务。WSDL 标准采用 XML 来描述软件服务，定义了服务接口以及如何将接口映射到协议消息和具体端口地址的实现细节。

6.2.3 系统开发流程

按照主题化服务模式，针对具体的城市暴雨洪涝适应性管理问题，确定风险管理、应急管理和信息管理主题，基于城市暴雨洪涝适应性管理系统综合集成平台提供城市暴雨洪涝适应性管理业务化服务，为用户提供信息服务、计算服务和决策服务，具体包括业务主题化、处理组件化、业务流程知识图绘制与定制和主题服务模式。

1. 业务主题化

针对复杂的城市暴雨洪涝事件，将具体的应急管理业务主题化，基于综合集成平台对业务进行流程化描述、组件开发和知识化存储，采用知识图形式化、可视化表达城市暴雨洪涝主题涉及的内容、各元素之间的关系、处理事件的业务流程等，业务主题对应业务流程的知识图，不同主题通过嵌套知识图进行描述，搭建城市暴雨洪涝管理业务应用系统，为用户提供服务。城市暴雨洪涝管理业务流程如图 6-10 所示。

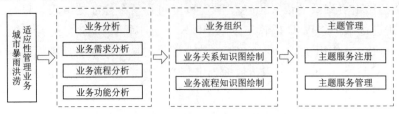

图 6-10 城市暴雨洪涝管理业务流程

2. 处理组件化

采用组件化软件开发技术对数据信息、数学模型和计算方法进行组件开发，每个组件分别实现具体的业务功能，并提供组件服务。每个组件符合基础 IPO 模型，采用 XML 标准描述，采用 Web Service 技术实现，采用 XML 和 XML Schema 文档标准描述业务组件的输入、输出信息流，访问描述提供符合 UDDI 访问协议的访问接口。组件开发完成后，对其进行编译、封装和打包并存储在组件库中，供应用系统使用组件定制。首先，用户需要定制界面 JELLY 文件，确定界面展示的具体内容。其次，需要为组件功能确定独一无二的识别码，并以 XML 的形式返回。经过完整的编制后，完成组件的定制，流程如图 6-11 所示。

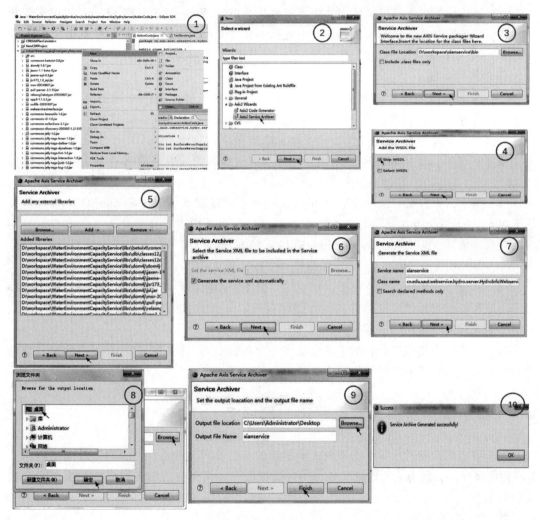

图 6-11　组件封装流程图

3. 业务流程知识图绘制与定制

综合集成平台提供知识图编辑工具用于知识图绘制，根据城市暴雨洪涝管理业务具体需求和特点，集成数字地图将空间数据、业务流程和逻辑拓扑结构进行流程化描述，并用知识图的方式对其进行可视化表示。根据具体管理业务内容对绘制的知识图定制业务组件，实现知识图和组件的关联，通过将知识图的概念节点和 Web 服务进行关联搭建城市暴雨洪涝管理业务应用系统。知识图绘制和定制的过程体现了相关人员对业务认知和处理的过程，通过可视化的人机交互，将传统的数据、模型和方法等从隐性转变为显性，基于知识图的形式化表示为用户提供可视及可信的服务。

4. 主题服务模式

城市暴雨洪涝适应性管理系统基于综合集成平台开发，提供了基于信息服务门户、基于二维 GIS 和三维 GIS、基于云服务链和基于移动服务等多种交互方式，并最终通过综合集成平台进行统一管理，用户可以根据实际应用需求选择合适的方式。

（1）基于信息服务门户。城市暴雨洪涝适应性管理 Web 服务采用 Spring 架构实现数据库展示和数据共享，访问层及数据库的连接采用 Hibernate 技术实现，数据的连接池及数据库开发工具等通过 JDBC 类库连接，应用展示层采用 HTML、JSP 图表和 Web Service 等技术实现。

（2）基于二维 GIS 和三维 GIS。在多源数据融合基础上，将空间数字地图以二维 GIS 方式进行可视化展示，采用 5S 集成技术、瓦片金字塔等技术搭建城区数字地球平台，整合遥感、地理信息、地形地貌等海量数据资源，基于三维 GIS 平台提供三维可视化环境，实现城市暴雨洪涝适应性管理相关数据资源和雨情灾情管理业务应用的可视化展示[110]。

（3）基于云服务链。采用云服务和区块链技术，按照 Spring＋SpringMVC 架构研发基于 Web 的云服务链，基于云服务链为用户提供城市暴雨洪涝业务化服务，其中，控制后端数据库依托 MyBaties，为了给用户提供流畅服务，采用 Redis 实现高性能数据缓存，采用 BootStrap 技术控制前端 Web 界面显示。

（4）基于移动服务。为了便于用户使用，基于移动应用客户端提供城市暴雨洪涝管理的移动服务，用户可以通过手机、App 移动客户端等方式采集数据资源、开发业务应用、雨情灾情应对进展可视化展示等。

（5）基于综合集成平台。基于综合集成平台集成上述 4 种交互方式，重点面向管理部门和业务人员，基于平台可视化环境提供统一的访问入口。

6.3　城市暴雨洪涝适应性管理主题服务

基于城市暴雨洪涝适应性管理模式所构建的城市暴雨洪涝适应性管理系统主要提供了 5 项主题服务，分别为基础信息服务、动态模拟服务、情景分析服务、应急预案服务和过程管理服务。

6.3.1　动态模拟服务

基于城市暴雨洪涝适应性管理系统，将 SWMM 模型相关数据存入数据库中，利用组件技术对数据进行调用分析。新建城市暴雨洪涝模拟过程的知识图，绘制排水管网系统概化知识图，编写组件并添加到每一个节点、管道和子汇水区的知识节点中，用户可以在排水管网知识图的基础上设置不同重现期降雨信息，从组件库中添加不同重现期的降雨组件，并设定模拟开始时间。

图 6-12 为西安市主城区城市暴雨洪涝模拟过程的知识图，图中的箭头代表知识图的流向，对于重现期的设置，若采取 1 年一遇模拟，则将 1 年一遇降雨组件流向各个子汇水区域，在服务平台中有可以隐身组件箭头的选项，有时为了更加显然可以不显示组件的流向情况，但不影响其功能作用。在知识图节点中添加相关组件，对子汇水区、管网和降雨信息进行可视化展示，可直观清楚地看到整个模拟过程的可视化实现。用户可编写整个流程的组件，通过知识图进行可视化展示，决策者可进行决策分析。

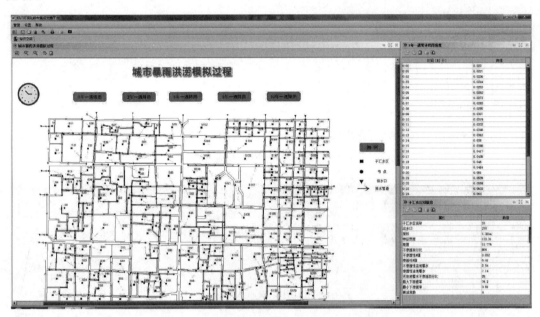

图 6-12　西安市主城区城市暴雨洪涝模拟过程

通过编写绘图组件能够呈现排水口随时间变化的过程折线图，将流量时间序列数据组件流向绘图组件以实现可视化，折线图展示如图 6-13 所示。由图可以看到节点的总流量变化过程，横轴代表的是分钟，纵轴是流量的值，整个模拟过程历时 360min。基于城市暴雨洪涝适应性管理系统，通过以上步骤也可以实现其他重现期情景下流量变化过程的可视化展示。

结合信息技术通过城市暴雨洪涝适应性管理系统对城市暴雨洪涝信息进行可视化展示，充分利用城市暴雨洪涝相关的信息数据，使信息数据具有最大化价值，通过可视化图表以及动态模拟仿真过程帮助决策者做出决策评价，提供城市暴雨洪涝适应性管理水平。

6.3.2　情景分析服务

通过城市暴雨洪涝适应性管理系统对各个状态下的城市暴雨洪涝情景推演进行可视化展示，主要分为正常状态、极端状态以及各类设定情景下的状态。设定的情景包括已知受灾面积估算其他指标的概率、已知应急预案等级估算其他指标的概率、降雨时间较长的情况下其他指标的概率等，各种情景如图 6-14 所示。

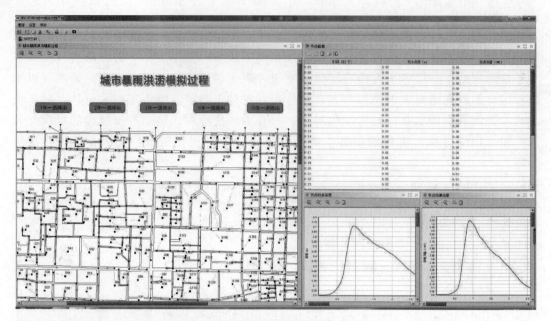

图 6-13 排水口总流量过程可视化

图 6-14 城市暴雨洪涝情景分析

通过对各类状态的分析与展示,为应急人员有效了解不同情况各个情景状态下的事件概率,帮助城市暴雨洪涝应急事件管理人员根据情景制定适应性的应对预案及应急方案。正常状态城市暴雨洪涝情景分析图根据能够充分反映各个节点条件概率的贝叶斯网络图绘制而成。城市暴雨洪涝正常状态情景如图 6-15 所示。

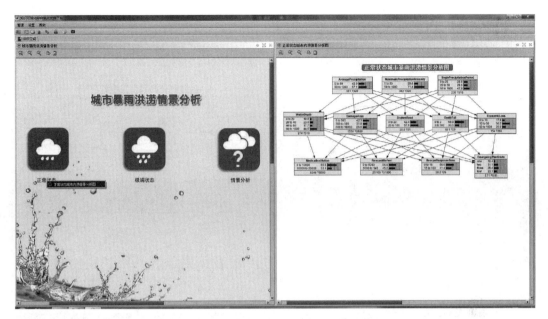

图 6 - 15　城市暴雨洪涝正常状态情景分析

城市暴雨洪涝压力极端状态情景如图 6 - 16 所示。

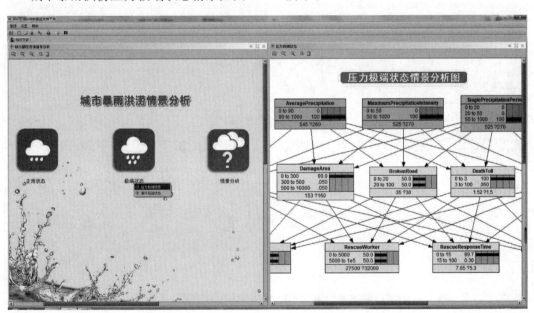

图 6 - 16　城市暴雨洪涝压力极端状态情景分析

城市暴雨洪涝事件极端状态情景如图 6 - 17 所示。

通过分析可以得到不同情景状态下城市暴雨洪涝事件的发生概率，其他各类情景的分析结果如图 6 - 18 所示。通过城市暴雨洪涝适应性管理系统，能够迅速计算各种设定情景下城市暴雨洪涝事件发生的概率，从而在城市暴雨洪涝事件发生时，管理人员根据事件特征，结合情景模拟结果，更快速地做出相应的应急应对响应。

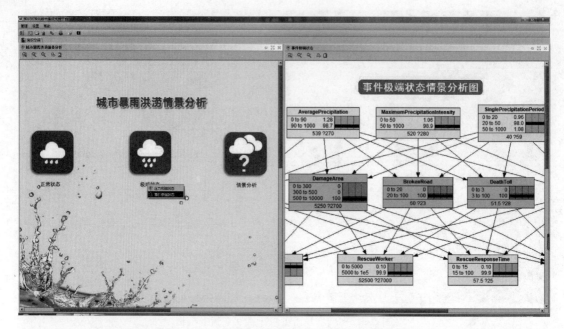

图 6-17　城市暴雨洪涝事件极端状态情景分析

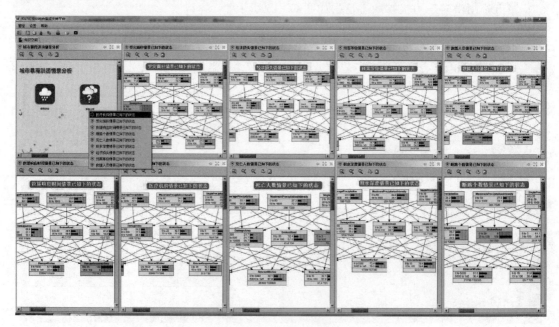

图 6-18　城市暴雨洪涝各类情景分析汇总

6.3.3　应急预案服务

为了便于快速查询与调用城市暴雨洪涝预案，基于城市暴雨洪涝适应性管理系统将传统的文本预案进行数字化处理，形成可重复使用的组件化预案，方便预案的动态化处理。城市暴雨洪涝应急预案管理服务包括国家预案模块、省市级模块和实例案例。

对于全国防汛预案，按照国家应急预案编制体系要求，将应急预案各章节的内容对应拆分，分为总则、组织指挥体系及职责、预防和预警机制、应急响应、应急保障、善后工作、附则 7 个模块，进行数字化表达和存储，如图 6-19 所示。

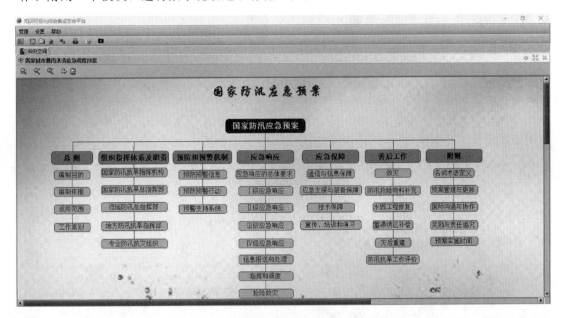

图 6-19 国家防汛应急预案数字化处理

对于地方防汛预案，以西安市防汛预案为例，按照西安市应急预案编制体系要求，将西安市应急预案各章节的内容对应拆分，分为总则，城市概况，组织体系与职责，预防、预警及应急响应，后期处置，应急保障，附则 7 个模块，进行数字化表达和存储，如图 6-20 所示。

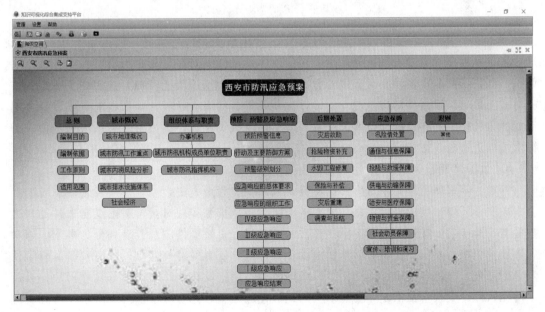

图 6-20 西安市防汛应急预案数字化处理

面对城市暴雨洪涝这类具有复杂特征的问题，当事件发生时，需要制订有效的应对方案，才能最大限度减少事件带来的损失。采用知识管理方法，基于城市暴雨洪涝适应性管理系统，为城市暴雨洪涝事件应急管理提供决策支持。为了有效地处理突发事件，决策者一般需要借鉴城市暴雨洪涝相似历史事件的应急救援经验来快速有效的处理事件。如图 6-21 所示，首先需要确定目标案例的特征参数，其次通过各种数据收集方法，收集相关案例及其解决方案，并将它们视为历史案例。通过城市暴雨洪涝适应性管理系统的逻辑组件计算历史案例与目标案例间的相似度，从而获取相似预案集，能够根据需要选取对应的预案。通过对方法的组件化，基于城市暴雨洪涝适应性管理系统的逻辑组件和可视化展示，计算历史案例与目标案例间的相似度，生成目标案例的备选预案。

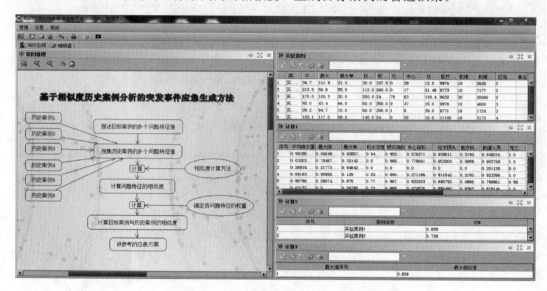

图 6-21 基于 CBR 的案例分析方法展示图

城市暴雨洪涝事件发生时，基于系统对组件化预案进行分析和研讨，面对相似案例，用户可以根据实际情况在城市暴雨洪涝适应性管理系统上对应急预案进行可视查询和动态调整，制订城市暴雨洪涝全过程应对方案。城市暴雨洪涝适应性管理系统实现了非工程措施对城市暴雨洪涝事件的应急应对管理，方便管理者的操作使用，降低在面对突发事件时造成的人员伤亡和财产损失，有利于提高城市防洪减灾水平，为城市暴雨洪涝的应急管理提供可靠支持。

6.3.4 过程管理服务

针对近年来城市暴雨洪涝事件的特征，采用知识管理方法，基于适应性管理系统的综合集成服务环境，集成现代信息技术，整合所有应急资源实现对城市暴雨洪涝事件的快速响应与决策应对，按照城市暴雨洪涝事件的发生过程，将事件应急管理划分为事前、事中和事后 3 个核心阶段，实现对城市暴雨洪涝事件应急处置的监测监控、预测预警、模拟仿真、信息报告、综合评价、辅助决策、指挥协调、信息发布和总结评估等功能模块，采用组件化软件开发技术提供不同功能模块的组件化应用服务，为城市暴雨洪涝事件应急管理提供决策支持。

城市暴雨洪涝事件应急应对服务分为事前准备、事中处理、事后处置 3 部分，应急管理人员可以在不同的时间节点选取不同的服务。在事前准备阶段，相关政府部门需要做好防汛事前准备，做好降雨的预测分析，及时了解中长期的降雨趋势。其次，在资金、制度、技术方面对应急管理做好保障，实现相关灾情的动态监测，同时各相关防汛指挥部应对防汛队伍至少每年汛前组织一次培训并进行演练。在事中处理阶段，相关部门根据事件的发展情况，确定响应等级，组织现场会商，研究处置措施，根据预案安排各部门的工作，安排调度抢险队伍和物资，做好人员避险工作，在保证现场协调工作的同时，及时收集现场信息。在事后处置阶段，需要对抢险物资进行补充，灾区进行补偿与救助，同时需要对事件的全过程进行全面客观的总结、分析与评估，提出改进措施，形成总结评估报告。

（1）城市暴雨洪涝事件应对事前准备主题服务。事前准备包含：监测防控、预测预警、模拟演练和应急保障 4 个功能模块。

1）监测防控。该功能重点采用组件的形式展示城市实时降雨数据，能够帮助管理人员获取城市的天气预报、近期降雨预测、近期降水量距平等信息和雨量水文站监测的雨情信息，其能够为城市暴雨洪涝事件提供决策帮助。以西安市为例，图 6 - 22 为西安市相关信息实时监测结果。

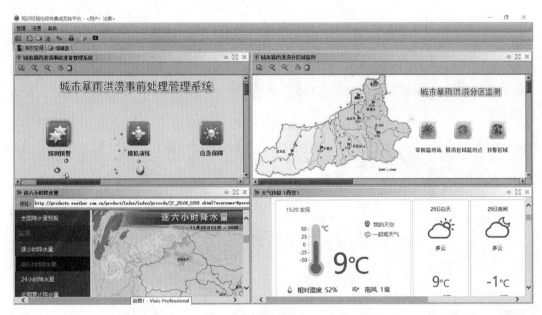

图 6 - 22　西安市相关信息实时监测结果

2）预测预警。通过整合实时监测数据和气象部门预报成果对监测地区的降雨量以及天气状况进行预测，用户可根据模块中提供的天气预报等其他数据综合考虑是否采取预警信号发出对应的响应，对预警功能提供数据参考。雨情监测预警信息如图 6 - 23 所示，可展示城区各站点的监测信息及预警信息，监测信息随数据的实时传输进行数据更新，当获取的数据超过系统设置的阈值时，则会显示红色，发出警报，提醒应急管理人员采取相应的措施。

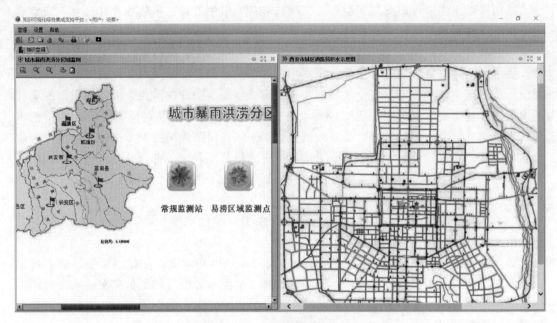

图 6-23 雨情监测预警信息

3）模拟演练。采用文档形式记录模拟演练的方案和模拟过程，以及演练的现场图片、视频、报道等，包括演练的准备、抢险和恢复3个应急阶段，模拟方案和模拟过程记录表均可下载，同时能够根据实际情况进行修改，如图6-24所示。模拟演练服务是事前准备阶段的重要环节，正确的模拟演练可以提升应急救援人员的工作能力，保障了应急救援人员对城市暴雨洪涝事件的积极有效应对。

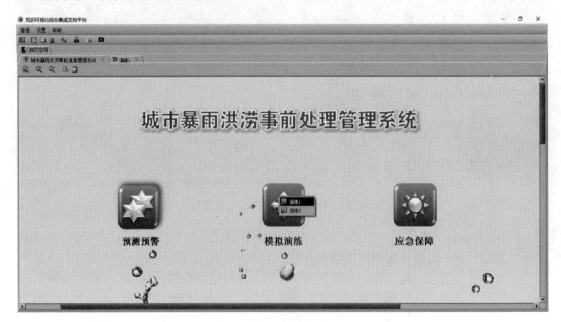

图 6-24 基于系统的事件事前处理主题服务

4）应急保障。应急保障分为制度保障、技术保障、资金保障、加强培训演练、加强宣传教育、加强应急值守、加强监督检查 7 部分，只有应急保障到位，才能使应急管理有序进行。基于城市暴雨洪涝适应性管理系统的三维可视化环境，实现城市暴雨洪涝应对防汛机械和防汛物资的信息查询和动态跟踪，实时查询救援物资储备信息和救援队伍信息，包括物资信息的地点、种类、数量等，以及救援队伍的驻队位置、救援类型、所在行政区联络方式等信息。

（2）城市暴雨洪涝事件应对事中处理主题服务。事中处理包括：事件描述、应急预案、应急会商和应急处置，如图 6-25 所示。

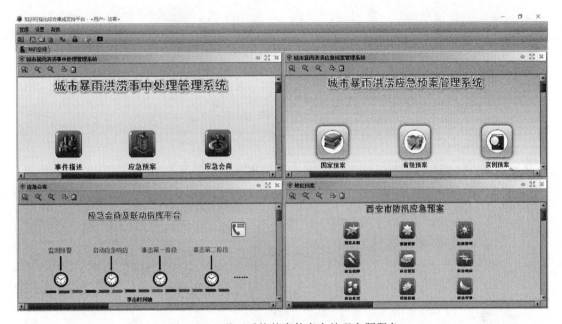

图 6-25 基于系统的事件事中处理主题服务

1）事件描述。将发生的城市暴雨洪涝事件录入城市暴雨洪涝适应性管理系统对其进行数字化处理，并依据事件相关信息展示其特征信息。在事中处理的后续模块中对录入的事件数据进行处理，实现对以往城市暴雨洪涝事件进行查询和管理。

2）应急预案。构建城市暴雨洪涝应急预案库，分别按照预案总则、监测预警、应急响应等 9 个模块储存国家及地区预案。实例预案以实例事件库的形式，展示不同事件的处理预案。事件发生时，用户根据国家与地方预案的框架和实例预案中相似事件的处理方案生成针对城市暴雨洪涝事件的应急预案。

3）应急会商。基于监测信息根据相关组件确定预警等级，按照不同预警等级制定其对应的应急响应措施，基于城市暴雨洪涝适应性管理系统组织应急会商，实现城市暴雨洪涝事件应对指挥联动，如图 6-26 所示。

事件发生后启动应急响应，根据突发事件的具体情况触发系统中指标阈值的判断，通过图 6-27 中的指标，划分事件等级并为各个等级提供响应的应急预案，通过判断的等级，进行第一阶段的应急会商。

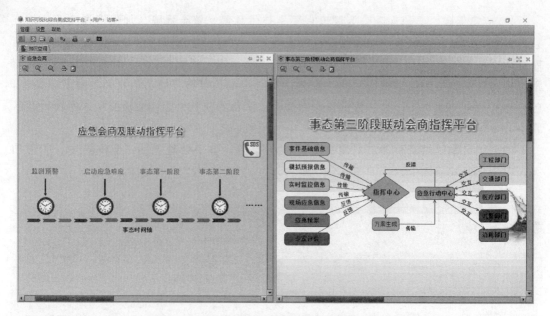

图 6-26　基于系统的事中应急会商与联动指挥

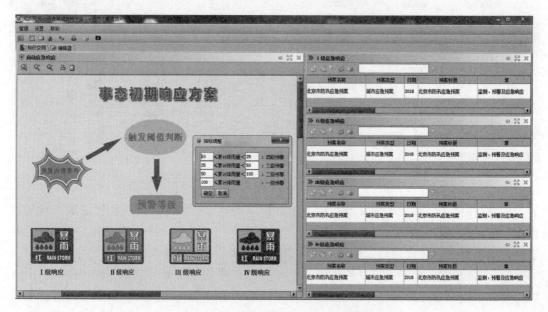

图 6-27　基于系统的事件事态初期响应过程

　　随事态的发展，城市暴雨洪涝适应性管理系统中的应急会商及联动指挥可为应急管理人员提供各个相关机关单位应急负责人的联系电话、应急响应的具体工作及各个阶段会商指挥平台，保证应急的联动互通，过程展示如图 6-28 所示。

　　应急响应启动后，各个相关部门进入系统通过视频会议的方式进行事件应急会商，确定合适的应急方案并为行动中心下达指令，经过事件处理后，获得信息反馈，若事件得到控制，则应急会商结束，若事件恶化，得不到控制，需要进行第二阶段的应急会商，直到事件得到控制，流程如图 6-29 所示。

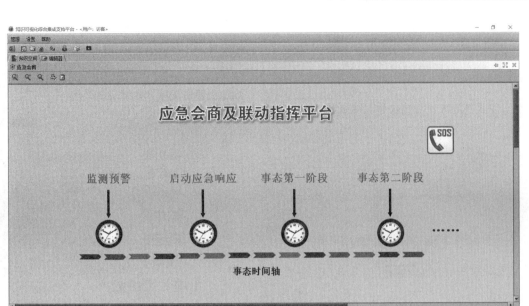

图 6-28 基于系统的事件应急会商过程

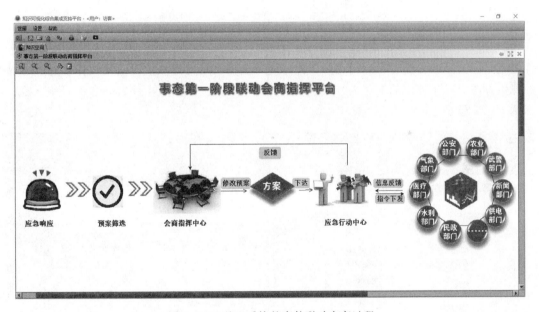

图 6-29 基于系统的事件联动会商过程

4）应急处置。根据应急会商确定的方案进入到应急处置模块，结合应对方案，通过城市暴雨洪涝适应性管理系统，可视化展示城市暴雨洪涝事件规范的流程处置。

（3）城市暴雨洪涝事件应对事后处置主题服务。事后处置包括灾后处置与应急评价两个功能模块，如图 6-30 所示。

1）灾后处置。灾后处置主要针对灾后救助、抢险物资补充、灾后重建、保险与补偿、调查与总结等工作进行处置，对城市暴雨洪涝事件的损失评估，包括财产损失、物资损失、人员损失、生态损失等，通过对损失的评估，提出善后处置方案，使事后处置井然有序。

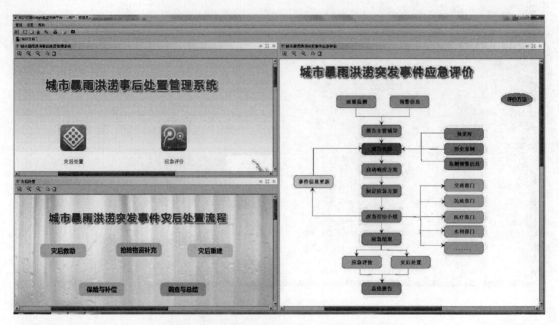

图 6-30　基于系统的事件事后处置主题服务

　　2）应急评价。对城市暴雨洪涝事件的处理提供评价服务，包括指标评价和对整个事件处理过程的总结评价，为后续相关事件的应对提供决策支持。主要使用几种常见且可靠的评价方法对各个部门的工作进行认定评估，为应对下一次突发事件做好准备，相应流程如图 6-31 所示。

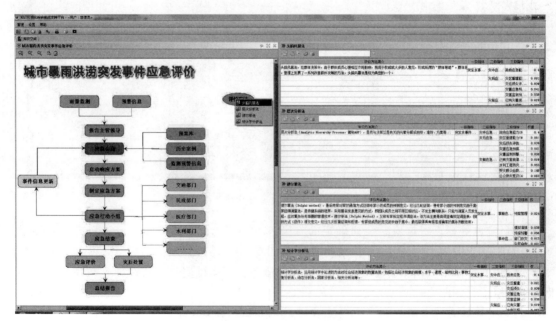

图 6-31　基于系统的事件应急评价

6.4　本章小结

　　本章在城市暴雨洪涝灾害风险评估、事件特征描述、情景模拟仿真、动态监测预警基础上，集成城市暴雨洪涝灾害风险管理、应急管理和信息管理，提出变化环境下城市暴雨洪涝适应性管理模式，对其理论基础、模式内容和模式结构进行阐述。设计并研发了城市暴雨洪涝适应性管理系统，对系统的总体设计和关键技术进行阐述，基于系统重点提供城市暴雨洪涝动态模拟服务、情景分析服务、应急预案服务和过程管理服务等主题服务。城市暴雨洪涝适应性管理系统贯穿事件演化整个过程，采用信息化技术将城市暴雨洪涝管理过程数字化、可视化，将城市暴雨洪涝应急管理常态化，为城市暴雨洪涝事件应对和防洪减灾提供技术支撑和决策支持，提高城市暴雨洪涝应对时效性和城市防洪减灾水平。

7 结论与展望

7.1 结论

本书针对变化环境下城市暴雨洪涝适应性管理关键问题，集成城市暴雨洪涝风险管理、应急管理和信息管理为一体，构建城市暴雨洪涝灾害风险评估体系和评估模型，基于复杂性理论对城市暴雨洪涝特征进行描述，采用情景分析方法、基于模型开展城市暴雨洪涝情景模拟仿真，基于数字地球、综合多种信息技术实现城市暴雨洪涝多源信息融合与监测预警，提出城市暴雨洪涝适应性管理模式，研发城市暴雨洪涝适应性管理系统，提供过程可视的城市暴雨洪涝适应性管理主题服务，气象水文、防灾减灾、信息科学和管理科学等多学科交叉，为城市暴雨洪涝科学应对与防洪减灾提供理论参考和技术支撑。主要工作如下：

（1）基于成因构建了城市暴雨洪涝灾害风险评估模型。城市暴雨洪涝影响因素众多、成因复杂，从气候变化、城市化发展、排水管网和管理现状等方面对其成因进行分析，筛选城市暴雨洪涝风险要素，从致灾因子危险性、孕灾环境敏感性、承灾体脆弱性和防灾减灾能力4个方面构建城市暴雨洪涝灾害风险评估指标体系，采用层次分析法和熵权法主客观相结合的方法确定指标权重，采用物元可拓和灰色关联分析等方法构建风险评估模型，基于综合集成平台对风险评估模型进行可视化描述和动态评估，最后以西安市为例进行实例应用。结果表明：西安市新城区、碑林区、莲湖区暴雨洪涝风险等级较高，其次为未央区和雁塔区，灞桥区风险等级最低。不同风险评估指标对风险等级的贡献存在差异，其中，新城区、碑林区、莲湖区的孕灾环境敏感性与承灾体易损性相对较高，灞桥区、未央区与雁塔区的防灾能力相对较弱，通过对不同区域实际情况进行综合分析和近年发生的典型场次暴雨洪涝事件对比分析，评估结果和实际情况较为吻合。

（2）基于复杂性理论实现了城市暴雨洪涝事件特征描述。城市暴雨洪涝事件产生、发展和演变过程复杂，对其特征的描述是进行适应性管理的基础。基于系统动力学在描述事件演变过程中多要素复杂关系的优势，对暴雨洪涝事件演变过程进行描述，按照事件应急管理过程，确定事件的事前准备、事中处理和事后处置不同子系统的影响变量，绘制不同子系统和整个事件的系统动力学回路图。基于熵值理论构建城市暴雨洪涝事件演变压力 P、状态 S 和响应 R 模型，结合贝叶斯网络对模型进行求解，分析得到不同状态下城市暴雨洪涝应急管理核心工作。采用现代信息技术对城市暴雨洪涝应急预案进行数字化处理、流程化描述和知识化管理，基于 CBR 方法实现城市暴雨洪涝事件推理，通过计算目标案例和历史案例之间相似度为城市暴雨洪涝事件应急管理提供参考。结果表明：采用 SD、PSR、贝叶斯网络和 CBR 等方法有助于对城市暴雨洪涝事件不同影响要素之间的相关关系进行描述，对事件的快速应急应对提供参考，为决策者应急管理提供理论依据和支持。

（3）基于 SWMM 模型开展城市暴雨洪涝情景模拟仿真。鉴于 SMMM 在水动力学模拟中的优势和较好可视化效果，构建基于 SWMM 的城市暴雨洪涝模拟仿真模型，开展不同降雨重现期、雨型和城市化水平等不同情景的城市暴雨洪涝模拟仿真。通过对研究区域排水系统概化、模型参数设置、降雨情景设计等构建研究区域 SWMM 模型，以西安市碑林区典型区域和西安市主城区为例，开展不同降水重现期、雨型和城市化水平等不同情景的城市暴雨洪涝模拟仿真，对不同情景下排水管网节点溢流和积水点分布情况进行定量分析。结果表明：不同降水重现期、雨型和城市化水平下径流系数存在差异，较大重现期情景下城市暴雨洪涝风险增加；雨型系数越大，城市暴雨洪涝风险越大；城市化水平越高，下垫面的不透水面积增加，城市暴雨洪涝风险越大，通过对情景模拟仿真可为城市暴雨洪涝适应性管理提供参考。

（4）基于数字地球提供了城市暴雨洪涝监测预警主题服务。融合历史和监测数据、空间地理等大数据资源，通过数据集成、信息融合和大数据处理等方法对其进行集成与融合处理，通过大数据处理、天地空一体化监测体系和大数据舆情动态监测实现城市暴雨洪涝动态监测及预警，基于三维地理信息系统 WorldWind 基础组件搭建城市暴雨洪涝监测预警系统，基于系统三维可视化环境提供城市暴雨洪涝监测预警主题服务，包括基础信息服务、动态监测服务、模拟仿真服务、分级预警服务和辅助决策服务。结果表明：基于数字地球的城市暴雨洪涝监测预警主题服务具有集成海量信息资源、应用操作简单、时效性和可视化效果好等优点，通过动态监测和分级预警为城市暴雨洪涝适应性管理提供重要支持。

（5）基于综合集成构建了城市暴雨洪涝适应性管理模式。考虑变化环境影响，根据城市暴雨洪涝事件演变的全过程，从常态管理到应急管理，贯穿整个过程融入信息化手段，集成风险管理、应急管理和信息管理构建能够快速响应外界环境变化的城市暴雨洪涝适应性管理模式，遵循 SOA 架构，采用综合集成、组件化软件开发和知识图谱等技术，设计并研发城市暴雨洪涝适应性管理系统，按照主题服务思想，通过业务主题化、处理组件化、业务流程知识图化等提供城市暴雨洪涝事件的动态模拟、情景分析、应急预案和过程管理等主题服务。结果表明：城市暴雨洪涝适应性管理模式按照主题化思想简化了管理流程，基于综合集成平台可视可信、可重用的优势，系统强调在线交互和动态调整，能够快速适应外界环境变化，提高暴雨洪涝事件的应急响应速度和应急管理效率，提升城市防洪减灾水平，降低城市暴雨洪涝灾害损失。

7.2 展望

本书综合风险管理、应急管理和信息管理等管理的理论、方法和技术，开展变化环境下城市暴雨洪涝适应性管理研究与应用，重点提出了变化环境下城市暴雨洪涝适应性管理模式，搭建了城市暴雨洪涝适应性管理系统，将大数据、综合集成、知识可视化等技术与传统的风险评估和模型模拟相结合，贯穿整个管理过程融入信息化手段，实现常态管理与应急管理的有机衔接。基于系统提供可视化、主题化管理与决策服务，通过业务化服务城市防洪减灾。总体来看，本书研究工作对于推动信息技术在城市暴雨洪涝管理中的应用有重要意义，然而，由于城市暴雨洪涝特性、区域差异性、管理决策服务的复杂性，针对城市暴雨洪涝管理关键问题还需要加大研究和创新力度，尤其是针对气候变化影响下城市局部区域尺度极端降水的预估、城市尺度精细化天气预报、城市暴雨洪涝灾变机理与现代化防控技术等方面开展基础研究和应用基础研究，这些内容将会成为今后一段时间研究热点和难点，若能取得突破性进展将极大推动城市防洪减灾领域科技进步，对系统解决城市暴雨洪涝关键问题提供强有力的理论基础和技术支撑。

参 考 文 献

［1］ 姜仁贵，韩浩，解建仓，等. 变化环境下城市暴雨洪涝研究进展 ［J］. 水资源与水工程学报，2016，27（3）：11-17.

［2］ 谌芸，孙军，徐珺，等. 北京721特大暴雨极端性分析及思考（一）观测分析及思考 ［J］. 气象，2012（10）：97-108.

［3］ 姜仁贵，韩浩，解建仓，等. 变化环境下城市暴雨洪涝应对新模式研究 ［J］. 灾害学，2017，32（3）：12-17.

［4］ 侯精明，康永德，李轩，等. 西安市暴雨致涝成因分析及对策 ［J］. 西安理工大学学报，2020，36（3）：269-274.

［5］ 姜仁贵，王小杰，解建仓，等. 城市内涝应急预案管理研究与应用 ［J］. 灾害学，2018，33（2）：146-150.

［6］ Akinsanola A A，Zhou W . Projections of West African summer monsoon rainfall extremes from two CORDEX models ［J］. Climate Dynamics，2019，52（3）：2017-2028.

［7］ Kuo C C，Gan T Y，Hanrahan J L . Precipitation frequency analysis based on regional climate simulations in Central Alberta ［J］. Journal of Hydrology，2014，510：436-446.

［8］ 胡倩，岳大鹏，赵景波，等. 甘肃省近50年暴雨变化特征及其灾害效应 ［J］. 水土保持通报，2019，39（4）：68-75.

［9］ Lin L J，Gao T，Luo M，et al. Contribution of urbanization to the changes in extreme climate events in urban agglomerations across China ［J］. Science of the Total Environment，2020，744：140264.

［10］ Zhang W，Villarini G，Vecchi G A，et al. Urbanization exacerbated the rainfall and flooding caused by hurricane Harvey in Houston ［J］. Nature，2018，563：384-388.

［11］ 刘家宏，李泽锦，梅超，等. 基于 TELEMAC-2D 的不同设计暴雨下厦门岛城市内涝特征分析 ［J］. 科学通报，2019（19）：2055-2066.

［12］ 尹占娥，田鹏飞，迟潇潇. 基于情景的1951-2011年中国极端降水风险评估 ［J］. 地理学报，2018，73（3）：15-23.

［13］ 叶笃正. 近年来我国大气科学研究的进展 ［J］. 大气科学，1979，3（3）：3-10.

［14］ 陶诗言，丁一汇，周晓平. 暴雨和强对流天气的研究 ［J］. 大气科学，1979，3（3）：227-238.

［15］ Jiang R G，Gan T Y，Xie J C，et al. Spatiotemporal variability of Alberta's seasonal precipitation，their teleconnection with large-scale climate anomalies and sea surface temperature ［J］. International Journal of Climatology，2014，34（9）：2899-2917.

［16］ Tong S Q，Li X，Zhang J，et al. Spatial and temporal variability in extreme temperature and precipitation events in Inner Mongolia （China） during 1960-2017 ［J］. Science of the Total Environment，2019，649：75-89.

［17］ 任春燕，吴殿廷，董锁成. 西北地区城市化对城市气候环境的影响 ［J］. 地理研究，2006，25（2）：233-241.

［18］ 左其亭，夏军. 陆面水量～水质～生态耦合系统模型研究 ［J］. 水利学报，2002（2）：61-65.

［19］ Geiger W P，Dorsch H R. Quantity-Quality Simulation （QQS）：A Detailed Continuous Planning

Model for the Urban Runoff Control. Volume 1，Model Description，Testing and Applications [R]. US Environmental Protection Agency，Cincinnati，OH. Report EPA/600/2 - 80 - 011，1980.

[20] Knight D，Sellin R. The SERC flood channel facility [J]. Water and Environment Journal，1987，1 (2)：198 - 204.

[21] Huber W C. Storm Water Management Model，Version 4，User's Manual [R]. US Environmental Protection Agency，Athens，Georgia. Report EPA/600/3 - 88 - 001a，1988.

[22] Deepak，Singh，Bish，et al. Modeling urban floods and drainage using SWMM and MIKE URBAN：a case study [J]. Natural Hazards，2016，84 (2)：749 - 776.

[23] Zoppou C. Review of urban storm water models [J]. Environmental Modelling & Software，2001，16 (3)：195 - 231.

[24] 岑国平. 城市雨水径流计算模型 [J]. 水利学报，1990 (10)：68 - 75.

[25] 曾照洋，赖成光，王兆礼，等. 基于 WCA2D 与 SWMM 模型的城市暴雨洪涝快速模拟 [J]. 水科学进展，2020，31 (1)：29 - 38.

[26] 于琛，胡德勇，段欣，等. 基于降水-流量关联与水力模型的暴雨洪涝灾害预警 [J]. 水电能源科学，2019，37 (10)：7 - 10.

[27] 龚佳辉，侯精明，薛阳，等. 城市雨洪过程模拟 GPU 加速计算效率研究 [J]. 环境工程，2020，38 (4)：167 - 172.

[28] Archer L，Neal J C，Bates P D，et al. Comparing TanDEM - X Data With Frequently Used DEMs for Flood Inundation Modeling [J]. Water resources research，2018，54 (12)：10205 - 10222.

[29] Zhang S H，Pan B. An urban storm - inundation simulation method based on GIS [J]. Journal of Hydrology，2014 (517)：260 - 268.

[30] 王颖，王强国. 基于 GIS 技术的海绵城市内涝灾害数值可视化研究 [J]. 灾害学，2020，35 (2)：70 - 74.

[31] 李志锋，吴立新，张振鑫，等. 利用 CD - TIN 的城区暴雨内涝淹没模拟方法及其实验 [J]. 武汉大学学报 (信息科学版)，2014，39 (9)：1080 - 1085.

[32] 姜仁贵，解建仓，李建勋. 面向防汛的三维预警监视平台研究与应用 [J]. 水利学报，2012，43 (6)：749 - 755.

[33] Gilroy K L，Mccuen R H. Spatio - temporal effects of low impact development practices [J]. Journal of Hydrology，2009，367 (3)：228 - 236.

[34] Qin H P，Li Z X，Fu G. The effects of low impact development on urban flooding under different rainfall characteristics [J]. Journal of Environmental Management，2013，129 (18)：577 - 585.

[35] Field R，Struck S，Tafuri A，et al. BMP technology in urban watersheds：current and future directions [R]. American Society of Civil Engineers (ASCE)，2006：10 - 18.

[36] Jia H，Lu Y，Yu S L，et al. Planning of LID - BMPs for urban runoff control：The case of Beijing Olympic Village [J]. Separation & Purification Technology，2012，84 (2)：112 - 119.

[37] Hoang L，Fenner R A. System interactions of stormwater management using sustainable urban drainage systems and green infrastructure [J]. Urban Water Journal，2016，13 (7)：739 - 758.

[38] Martin A，Emmenegger S，Hinkelmann K，et al. A viewpoint - based case - based reasoning approach utilising an enterprise architecture ontology for experience management [J]. Enterprise Information Systems，2017，11 (4)：551 - 575.

[39] 俞孔坚，李迪华，袁弘，等. "海绵城市" 理论与实践 [J]. 城市规划，2015 (6)：26 - 36.

[40] 张勤，陈思飙，蔡松柏，等. LID 措施与雨水调蓄池联合运行的模拟研究 [J]. 中国给水排水，

2018, 34 (9): 134 - 138.

[41] 车伍, 吕放放, 李俊奇, 等. 发达国家典型雨洪管理体系及启示 [J]. 中国给水排水, 2009, 25 (20): 12 - 17.

[42] 张冬冬, 严登华, 王义成, 等. 城市内涝灾害风险评估及综合应对研究进展 [J]. 灾害学, 2014, 29 (1): 144 - 149.

[43] Webster P J. Improve weather forecasts for the developing world [J]. Nature, 2013, 493 (7430): 17 - 19.

[44] 李雯, 姜仁贵, 解建仓, 等. 基于文献计量学的城市洪涝灾害研究可视化知识图谱分析 [J]. 西安理工大学学报, 2020, 36 (4): 523 - 529.

[45] 吴彦成, 丁祥, 杨利伟, 等. 基于 InfoWorks ICM 模型的陕西省咸阳市排水系统能力及内涝风险评估 [J]. 地球科学与环境学报, 2020, 42 (4): 552 - 559.

[46] 曾照洋, 赖成光, 王兆礼, 等. 基于 WCA2D 与 SWMM 模型的城市暴雨洪涝快速模拟 [J]. 水科学进展, 2020, 31 (1): 29 - 38.

[47] 陈悦, 陈超美, 刘则渊, 等. CiteSpace 知识图谱的方法论功能 [J]. 科学学研究, 2015, 33 (2): 242 - 253.

[48] 王思思, 于迪, 车伍. 国际城市暴雨内涝脆弱性评估和适应性对策研究 [J]. 城市发展研究, 2015, 22 (7): 23 - 26.

[49] 郑菲, 孙诚, 李建平. 从气候变化的新视角理解灾害风险、暴露度、脆弱性和恢复力 [J]. 气候变化研究进展, 2012 (2): 5 - 9.

[50] 徐艺扬, 李昆, 谢玉静, 等. 基于 GIS 的城市内涝影响因素及多元回归模型研究——以上海为例 [J]. 复旦学报 (自然科学版), 2018, 57 (2): 182 - 198.

[51] 赵林, 武建军. 灾害风险防范数据库的设计与开发 [J]. 自然灾害学报, 2008, 17 (1): 44 - 48.

[52] 李海宏, 吴吉东. 2007—2016 年上海市暴雨特征及其与内涝灾情关系分析 [J]. 自然资源学报, 2018, 33 (12): 2136 - 2148.

[53] 黄清雨, 董军刚, 李梦雅, 等. 暴雨内涝危险性情景模拟方法研究——以上海中心城区为例 [J]. 地球信息科学学报, 2016, 18 (4): 506 - 513.

[54] 胡胜, 邱海军, 宋进喜, 等. 气候变化对秦岭北坡径流过程的影响机制研究——以灞河流域为例 [J]. 干旱区地理, 2017, 40 (5): 967 - 978.

[55] Jiang R G, Wang Y P, Xie J C, et al. Assessment of extreme precipitation events and their teleconnections to El Nino Southern Oscillation, a case study in the Wei River Basin of China [J]. Atmospheric Research, 2019, 218: 372 - 384.

[56] 王小杰, 姜仁贵, 解建仓, 等. 西安市汛期降水变化特征及驱动机制研究 [J]. 自然灾害学报, 2020, 29 (2): 138 - 148.

[57] 马保成. 自然灾害风险定义及其表征方法 [J]. 灾害学, 2015, 30 (3): 16 - 20.

[58] 刘娜. 南京市主城区暴雨内涝灾害风险评估 [D]. 南京: 南京信息工程大学, 2013.

[59] 刘国庆. 基于 GIS 和模糊数学的重庆市洪水灾害风险评价研究 [D]. 重庆: 西南大学, 2010.

[60] 杜栋, 庞庆华, 吴炎. 现代综合评价方法与案例精选 [M]. 北京: 清华大学出版社, 2015.

[61] 王娇. 西安市内涝灾害风险动态评估模型研究与应用 [D]. 西安: 西安理工大学, 2020.

[62] 张志强, 王礼先, 余新晓, 等. 森林植被影响径流形成机制研究进展 [J]. 自然资源学报, 2001 (1): 79 - 84.

[63] 徐涵秋. 城市不透水面与相关城市生态要素关系的定量分析 [J]. 生态学报, 2009, 29 (5): 2456 - 2462.

[64] 黄大鹏，郑伟，张人禾，等. 安徽淮河流域洪涝灾害防灾减灾能力评估 [J]. 地理研究，2001，30（3）：523-530.

[65] 陈莉静，姜仁贵，高榕. 应用统计学 [M]. 北京：中国电力出版社，2018.

[66] 王静静，刘敏，权瑞松，等. 上海市各区县自然灾害脆弱性评价 [J]. 人民长江，2001，42（17）：12-15.

[67] Kaiya W，Juliang J. Attribute recognition method of regional ecological security evaluation based on combined weight on principle of relative entropy [J]. Scientia Geographica Sinica，2008，28（6）：754-758.

[68] 白先春. 统计综合评价方法与应用 [M]. 北京：中国统计出版社，2013.

[69] 任勇翔，刘强，王希，等. 西安城区海绵城市建设设计降雨量与不透水地面分布研究 [J]. 西安建筑科技大学学报（自然科学版），2018，50（1）：100-104.

[70] 江勇. 基于系统动力学的地热产业发展财税政策模拟与选择 [D]. 北京：中国地质大学，2020.

[71] Tomas Kåberger，Bengt Månsson. Entropy and economic processes-physics perspectives [J]. Ecological Economics，2001，36（1）：165-179.

[72] Kingston D，Razzitte A C. Entropy generation minimization in dimethyl ether synthesis：a case study [J]. Journal of Non-Equilibrium Thermodynamics，2018，43（2）：111-120.

[73] 杨思雨. 适应变化的城市内涝应急管理模式与调控系统研究 [D]. 西安：西安理工大学，2020.

[74] Hughey K F D，Cullen R，Kerr G N，et al. Application of the pressure-state-response framework to perceptions reporting of the state of the New Zealand environment [J]. Journal of Environmental Management，2004，70（1）：85-93.

[75] Kerkering J C. Subjective and objective bayesian statistics：principles，models，and applications [J]. Technometrics，2003，45（4）：369-370.

[76] 张书函，肖志明，王振昌，等. 北京市城市内涝判定标准量化研究 [J]. 中国防汛抗旱，2019，29（9）：1-5.

[77] 郭艳红，邓贵仕. 基于事例的推理（CBR）研究综述 [J]. 计算机工程与应用，2004，40（21）：1-5.

[78] 赵卫东，李旗号，盛昭瀚，等. 基于案例推理的决策问题求解研究 [J]. 管理科学学报，2000，3（4）：29-36.

[79] 汪季玉，王金桃. 基于案例推理的应急决策支持系统研究 [J]. 管理科学，2003，16（6）：46-51.

[80] Fan Z P，Li Y H，Wang X，et al. Hybrid similarity measure for case retrieval in CBR and its application to emergency response towards gas explosion [J]. Expert Systems with Applications，2014，41（5）：2526-2534.

[81] 尹炜，卢路. 暴雨洪水管理模型——EPA SWMM用户教程 [M]. 武汉：长江出版社，2014.

[82] 邵尧明，邵丹娜. 中国城市新一代暴雨强度公式 [M]. 北京：中国建筑工业出版社，2014.

[83] 岑国平，沈晋，范荣生. 城市暴雨径流计算模型的建立和检验 [J]. 西安理工大学学报，1996，12（13）：218-225.

[84] 王艳珍，王晓松. 基于SWMM的城区雨洪模型模拟研究——以山西省孝义市城北区为例 [J]. 科技创新导报，2014（3）：10-13.

[85] 梅超，刘家宏，王浩，等. SWMM原理解析与应用展望 [J]. 水利水电技术，2017，48（5）：33-42.

[86] 金鑫. 基于SWMM对南昌市青山湖片区排水管网模拟研究 [D]. 南昌：南昌大学，2014.

[87] 毕旭，程龙，姚东升，等. 西安市城区暴雨雨型分析 [J]. 安徽农业科学，2015，43（35）：295-297.

[88] Rossman L A. Storm water management model user's manual (version 5.0) [M]. Washington D C：

USAEPA，2009.

［89］ 武大洋. 西安市典型区域暴雨内涝成因分析与模拟研究［D］. 西安：长安大学，2015.

［90］ 计宝鑫. 基于 SWMM 模型的西安市城区汇水区域划分与径流特征研究［D］. 西安：西安理工大学，2017.

［91］ 苏海龙. 基于 SWMM 模型的城市雨洪模拟研究——以西安小寨区域为例［D］. 西安：西安理工大学，2018.

［92］ 韩浩. 基于情景分析的城市暴雨内涝模拟研究［D］. 西安：西安理工大学，2017.

［93］ 王小杰. 基于多源信息融合的城市内涝模拟仿真及预警系统研究［D］. 西安：西安理工大学，2020.

［94］ 卢艺丰，徐跃权. "互联网＋"环境下信息链的重构——交互式信息链［J］. 情报科学，2020，38，346（6）：34－39.

［95］ 李加林，曹罗丹，浦瑞良. 洪涝灾害遥感监测评估研究综述［J］. 水利学报，2014，45（3）：253－260.

［96］ 鹿新高，鹿新阳，邓爱丽，等. 基于 3S 的三维可视化防汛减灾指挥系统［J］. 水利水运工程学报，2010（4）：68－72.

［97］ 姜仁贵，杨思雨，解建仓，等. 城市内涝三维可视化应急管理信息系统［J］. 计算机工程，2019，45（10）：46－51.

［98］ 荆宁宁，程俊瑜. 数据、信息、知识与智慧［J］. 情报科学，2005（12）：1786－1790.

［99］ 严栋飞，姜仁贵，解建仓，等. 基于数字地球的渭河流域水资源监控系统研究［J］. 计算机工程，2019，45（4）：49－55.

［100］ 刘义，陈荦，景宁，等. 利用 MapReduce 进行批量遥感影像瓦片金字塔构建［J］. 武汉大学学报（信息科学版），2013，38（3）：278－282.

［101］ 曾健荣，张仰森，郑佳，等. 面向多数据源的网络爬虫实现技术及应［J］. 计算机科学，2019，46（5）：304－309.

［102］ 林晓丽，胡可可，胡青. 基于 Python 的微博用户关系挖掘研究［J］. 情报杂志，2014，33（6）：144－148.

［103］ 任中杰，张鹏，李思成，等. 基于微博数据挖掘的突发事件情感态势演化分析——以天津 8·12 事故为例［J］. 情报杂志，2019，38（2）：140－148.

［104］ 周练. Word2vec 的工作原理及应用探究［J］. 科技情报开发与经济，2015（2）：145－148.

［105］ 曹睿娟，姜仁贵，解建仓，等. 基于大数据的城市内涝网络舆情监测及演化机理［J］. 西安理工大学学报，2020，36（2）：151－158.

［106］ 谭祥金，党跃斌. 信息管理导论［M］. 北京：高等教育出版社，2000.

［107］ 宋明生. 基于数值模拟的流域水环境综合信息管理理论与方法研究［D］. 武汉：武汉大学，2016.

［108］ 于翔，解建仓，姜仁贵，等. 数字水网可视化表达及其与业务融合应用［J］. 水资源保护，2020，36（6）：43－49.

［109］ 丁火平，陈建平，余剑平. 基于 SOA 架构的数字城市信息共享方法研究［J］. 计算机工程与设计，2009，30（20）：4632－4635.

［110］ 姜仁贵，解建仓，李建勋，等. 基于数字地球的 WebGIS 开发及其应用［J］. 计算机工程，2011，37（6）：225－227.